ARBEITSGEMEINSCHAFT FÜR FORSCHUNG
DES LANDES NORDRHEIN-WESTFALEN

GEISTESWISSENSCHAFTEN

Sitzung
am 15. Dezember 1954
in Düsseldorf

ARBEITSGEMEINSCHAFT FÜR FORSCHUNG
DES LANDES NORDRHEIN-WESTFALEN

GEISTESWISSENSCHAFTEN

ABHANDLUNG

HEFT 39

Fritz Schalk

Diderots Essai über Claudius und Nero

Springer Fachmedien Wiesbaden GmbH

ISBN 978-3-322-98201-8 ISBN 978-3-322-98888-1 (eBook)
DOI 10.1007/978-3-322-98888-1

Ursprünglich erschienen bei Westdeutscher Verlag, Koln und Opladen 1956.

Diderots Essai über Claudius und Nero

Professor Dr. phil. *Fritz Schalk*, Köln

Diderots Alterswerk *Essai sur les règnes de Claude et de Néron et sur la vie et les ouvrages de Sénèque* ist in den Jahren 1778—82 erschienen. Die erste Fassung aus dem Jahre 1778, die nur den Essai über Seneca enthielt, war von den den „Philosophen" der Aufklärung feindlich gesinnten Zeitschriften heftig angegriffen worden, so daß Diderot, um sich und seinen Autor zu verteidigen, eine weitgehend auf Tacitus beruhende, seinem Freunde und Schüler, dem Philologen Naigeon gewidmete Schilderung der Regierungszeit von Claudius und Nero verfaßte, die in der Ausgabe von 1782 den ersten Teil des Buches bildet.

Es gibt keine kritische Edition des Textes, der im dritten Band der *œuvres complètes* (ed. Assézat-Tourneux) enthalten, mit den Anmerkungen von Diderot, Naigeon und Brière veröffentlicht und auch auszugsweise ins Deutsche übersetzt worden ist[1].

Nicht nur die eigentümliche Ausdrucksweise Diderots, sondern auch das damals allgemeine Bewußtsein von seiner Bedeutung im Kreis der „Philosophen", die Palissot in seiner so betitelten Komödie 1760 der Lächerlichkeit hatte preisgeben wollen, sicherten dem Werk sofort eine Wirkung ins Weite. Zwar waren viele der Schriften Diderots, für die wir heute empfänglich geworden sind, damals nur einem kleinen Freundeskreis bekannt. Die *Eléments de physiologie* und die *Réfutation de l'ouvrage d'Helvétius intitulé l'Homme* sind erst 1875 in der Assézatschen Ausgabe zugänglich geworden, die *Introduction aux grands principes* erschien 1798, lange nach dem Tod Diderots, und berühmte Werke wie der *Neveu de Rameau* und *Jacques le fataliste* hatten erst in großen Etappen über Deutschland ihren Weg nach

[1] Es handelt sich um eine willkürlich gekürzte Ausgabe: Leben des Seneka, nach Diderot, von F. L. Epheu (pseud. von Garlieb Hanker), Dessau und Leipzig, 1783, und um des Prinzen August von Gotha Übersetzung einer Stelle aus des Herrn Diderot Versuch über die Regierungen des Claudius und Nero, nebst einigen Gedanken über dieselbe, im Journal von Tiefurt 27. 9. 1782. Cf R. Mortier, *Diderot en Allemagne (1750—1850)*, Paris, 1954, 432 f.

Frankreich genommen. Aber als Mitherausgeber der großen Enzyklopädie, die heftige Polemik entfesselt hatte, 1752 und 1759 verboten, 1759 in Rom, 1765 von der Assemblée du clergé verurteilt worden war, stand Diderot im grellen Licht der Öffentlichkeit. Bald galt er als der verhaßte Kritiker des Bestehenden, bald als Befreier von Fesseln, deren Last drückend geworden war. Im Kreise des Baron d'Holbach, dem die Regierung und die Kirche der Zeit stets Zielscheibe der Polemik gewesen waren, mußte seine vielseitige Ausbildung, die ihm die verschiedensten Probleme nahegebracht hatte, begeistert aufgenommen werden; der Club Holbachique war ein Umschlagsplatz wissenschaftlicher Fragen, und die anonymen Pamphlete und Werke d'Holbachs sind von der Einwirkung Diderots ebenso untrennbar wie des Abbé Galiani *Dialogues sur le commerce des blés*, Morellys *Code de la nature*, des Abbé Raynal *Histoire des deux Indes*. Und Diderots dramatische Produktion: *Le fils naturel* (1757), *Le père de famille* (1758), seine Essais zur Literaturkritik und Aesthetik: *Entretiens sur le fils naturel*, *Discours sur la poésie dramatique*, *Eloge de Richardson* (1761), der Roman *La religieuse* (1760) enthielten eine Fülle neuer Gesichtspunkte, der die kritische Stimmung der Zeit den fruchtbarsten Boden entgegenbrachte, Ideen, denen jedoch die Antiphilosophen nicht zum Leben verhelfen wollten.

Jede neue Schrift Diderots erschien den Herausgebern der Zeitschrift *Année littéraire* wie ein Eingriff in die geistige und staatliche Struktur der Zeit; darum bewegte man sich unmittelbar nach Erscheinen der Abhandlung über Seneca im Bereich einer Polemik, die charakteristischerweise nicht nur Diderot, sondern auch der confédération philosophique galt; man meinte nicht nur Diderot, sondern den geistigen Horizont der Aufklärung, um die Bewegung unter den richtigen Blickpunkt zu fassen und das Verhalten der Philosophen zur Welt in den Vordergrund polemischer Beobachtung zu rücken[2]. Schon die wirkliche oder vorgestellte Beziehung Senecas zu den Philosophen versetzt den Kritiker in eine gereizte Stimmung, die den Fehler in der Anlage von Senecas Leben, sein Versagen in der Politik mit zunehmender Deutlichkeit bewußt machen möchte: *Tous les moyens lui sont égaux pour grossir ses trésors. Basses flatteries, complaisances criminelles* . . so stieg das Vermögen des Anwalts der Armut auf einige Millionen. Wie die *consolatio ad Helviam* und die *consolatio Polybii* sich nicht in Einklang bringen

[2] *Année littéraire* 1778, 36 ff, 70, 1779, 104 ff, 144. – Auf des Abbé Grossier Kritik im *Journal de littérature, des sciences et des arts,* das die seit 1767 nicht mehr erscheinenden *Mémoires . . de Trévoux* fortsetzt, geht Diderot polemisch im Verlauf des *Essai* ein, desgleichen in einem Artikel der Correspondance von Grimm (ed. Assézat Paris, 1779, XII, 297 ff), der jedoch nicht in die Assézatsche Ausgabe aufgenommen worden ist.

lassen, so unterscheiden sich die Beschreibungen von Claudius; bald läßt der Autor ihn dem äußeren Zwang der Verhältnisse erliegen, bald verfolgt er ein satirisches Ziel. Claudius wird bald Idol, bald Opfer des „perfide Sénèque", der dort, wo der Gedanke sich mit dem Wirken verbinden, das Denken in das Handeln übergehen könnte, versagt. Nicht niedrig wie Tigellinus, Narcissus, Pallas, aber weit davon entfernt ein Cato zu sein, kein Heros und kein Vorbild. Erhebt sich schon hinter dem Bilde Senecas Diderot selbst, dessen Verbindung mit dem antiken Schriftsteller ironisiert wird, so erscheint sein Profil noch deutlicher in der Kritik seiner politischen Haltung und seines stilistischen Verfahrens. Ist die Polemik gegen Claudius' und Neros Regierung nur Anlaß und Gelegenheit zur Negation der gegebenen Wirklichkeit? Und ist der Punkt, an dem der Weg Diderots von den klassischen Bahnen abzubiegen beginnt, nicht bezeichnet auch durch ein überhitztes Temperament, durch die Gegenwart der Kräfte von *chaleur*, *sensibilité* und *enthousiasme*, die in die subjektive Befangenheit einer übersteigerten Ekstase hinausführen? Der bedingende Zug von Diderots Eigenart erscheint in der *Année littéraire* ähnlich beschrieben wie in der Kritik La Harpes[3], dessen Besprechung Senecas, Naigeons, Diderots eine völlige Absage an alles ist, was ihm wie pure Planlosigkeit erscheinen mußte: *Nul plan, nulle liaison, nulle méthode, de l'obscurité, de la prétention, même dans les choses les plus communes.. un ton doctoral et mythologique.. mais si l'on ne croit pas lire un bon livre, on croit quelquefois converser avec un homme qui a de l'esprit et de l'imagination, et qui jette au hasard des traits heureux.* Mit solchen Argumenten, die sich noch durch die Stimmen verschiedener Journalisten, die Diderot selber zu Wort kommen läßt, vermehren ließen, scheiden sich die Antiphilosophen deutlich von Seneca und Naigeon auf der einen, von Diderot auf der andern Seite.

Die Stellungnahme der Freunde, die nicht ganz eindeutig, manchmal sogar etwas schwankend war, kam aus andern Voraussetzungen. Wußte man doch, daß Diderot den Kommentar zu Seneca auf Bitte von d'Holbach und Naigeon verfaßt hatte. Naigeon hatte die Übersetzungen von La Grange herausgegeben, der in jungen Jahren Professor am Collège de Beauvais gewesen und von d'Holbach als Erzieher aufgenommen worden war. La Grange hatte 1768 Lukrez[4], später die Werke Senecas übersetzt

[3] *Correspondance littéraire adressée à son Altesse Impériale Mgr le Grand Duc aujourd'hui empereur de Russie et M. le Comte André Schuwalow*, 1774—1789, Paris, 1804[2], II 234 f, 317, IV, 274.

[4] Es erschien, auf Kosten d'Holbachs, eine Luxus- und eine Volksausgabe. Cf P. Naville, *D'Holbach*, Paris, 1943, 123.

und geplant, eine Geschichte der stoischen Philosophie zu schreiben. Grimm urteilt in der *Correspondance littéraire* über ihn: *Il avait peu de littérature grecque, mais il était très versé dans la littérature latine et n'avait pas moins de goût que de l'érudition*[5]. Die Senecaübersetzungen, die Grimm wiederholt besprochen hat[6], schienen nicht die Höhe der Lukreznachbildung erreicht zu haben. Aber Grimms Urteil war durch eine gewisse Abneigung gegen Seneca mitbestimmt. Denn sind, so meint er, dessen Schriften auch eine Schatzkammer der modernen Philosophie, so verfangen sie sich doch allzu oft in den Schlingen eines Manierismus, der ermüdet: *Il instruit, il étonne, mais il n'attire presque jamais.*

Das Interesse an den antiken Autoren war schon seit der Renaissance eng verbunden mit dem Problem der Übersetzung. Der Humanismus pflegte alle Spielarten der imitatio zu unterscheiden und in vielen poetischen Gebilden der französischen Renaissance klingt noch ein Nachhall der antiken Welt. Die Prosa aber - denn Amyots Plutarch bildet eine Ausnahme - löst sich selten so vom Vorbild, daß sie Wiedergabe und Mittel des geistigen Ausdrucks der Gegenwart sein könnte; mühsam und langwierig war der Weg, der von der sprachlichen Unbeholfenheit der französischen Seneca- und Tacitusübersetzung hinüberführte zum Besitz einer Sprache, in der die antike Prosa eine originale französische Gestalt gewinnen sollte. Hatte schon im 17. Jahrhundert der bekannte Polygraph Adrien Baillet in seinen umfangreichen *Jugements des sçavants* (1685) den Übersetzern aller Zeiten ein eigenes Buch gewidmet, so begegnen im 18. Jahrhundert Besinnung über den Charakter der französischen Sprache und Wetteifer in der genuinen Wiedergabe des Lateinischen – aber auch des Englischen und anderer Sprachen – bei den verschiedensten Schriftstellern. Der Abbé Batteux handelt in seinem *Cours de Belles Lettres* von den Regeln der Übersetzung[7], Diderot übersetzt Shaftesbury, D'Alembert Gedanken Bacons und verschiedene Bücher von Tacitus' Annalen, Rousseau die Historien und Senecas Apocolocynthosis. Jeder Autor ist, welche Anlage ihm auch zu Gebote steht, eng verknüpft durch lebendige Anteilnahme mit der Bewegung jener Tage, auf der stets ein Abglanz verschiedener Latinitäten liegt. So ist es verständlich, daß alle Übersetzungen oder Deutungen, kurz alles was das Studium der Antike im Ganzen oder im Einzelnen ins Auge faßte, eifrig beobachtet wurde. Schon vor Diderot, Naigeon und La Grange hatten viele Autoren

[5] *Correspondance littéraire*, l. c. 1775, Bd. XI, 144.
[6] *Correspondance littéraire*, l. c. 1778, Bd. XII, 177.
[7] Paris, 1748, II, 63 ff.

ihre Kraft an die Übersetzung des Seneca und Tacitus gewandt[8], waren aber, wenn sie ihrer Aufgabe nicht gewachsen waren, der wiederholten ironischen Kritik von Grimm oder Voltaire ausgesetzt. Grimm hat des Abbé de la Bletterie, des Exjesuiten Gabriel Brottier, des Oratorianers Dotteville Übersetzung des Tacitus scharf kritisiert[9], ja selbst die Wiedergabe D'Alemberts schien ihm immer noch in den Grenzen der Diktion zugleich die Schranken der französischen Sprache zu zeigen; sie versagt, wenn es sich um Tacitus handelt, den, wie es in anderm Zusammenhang heißt, höchstens Montaigne oder Montesquieu hätten wiedergeben können: *la naïveté énergique du premier, les expressions de génie qui naissaient sous la plume de l'autre auraient seules pu nous représenter quelque simulacre du génie de ce célèbre écrivain. L'un et l'autre ont certainement lu et étudié Tacite toute leur vie*[10].

Auch D'Alembert war von der Diktion und dem Geist des Tacitus gefesselt. Seine *Morceaux choisis de Tacite*[11] werden durch Betrachtungen über die Kunst des Übersetzens im allgemeinen und seinen eigenen Übersetzungsversuch im besonderen eingeleitet. In diesem Zusammenhang wie auch in den Abhandlungen über die Latinität der Modernen, über die Harmonie der Sprachen, in der Lobrede auf Sacy[12] wird der Ertrag seiner Beobachtungen über die lateinische Literatur in einer vergleichenden Gegenüberstellung von Tacitus und Seneca, Cicero und Lucan zusammengefaßt. Wenn Seneca auch hervorragend ist dank der Reinheit seines Geschmacks, der Feinheit seines Geistes, die höher zu bewerten seien als die modische *chaleur*, so sei er doch auf die Dauer ermüdend, weil er, anders als Tacitus, anders als Cicero, der Versuchung, in den Bereich des Brillanten auszuweichen, oft erliegt.

[8] Seit dem 16. Jahrhundert waren folgende Übersetzungen erschienen: Séneque: *Les œuvres translatez de latin en français* par Maistre Laurent de Premierfait, Paris o. J. *œuvres morales* par Simon Goulart Paris 1595, par Methie de Chalvet 1604, 1616, 1624, 1638. Malherbes Übersetzung *œuvres* continuées par Du Ryer 1659, 1663, Cf. dazu passim Fromilhague, *Malherbe* Paris 1954. Die La Grangesche Übersetzung erschien 1778/79, 1795, 1819. – Tacite: *Annales* von Perron d'Ablancourt 1640, 1643, 1650, von Dotteville 1779, 1774, *Le Tibere français* von Rodolphe le Maistre 1616, *Tacite avec des notes historiques d'Amelot de la Houssaie* 1690, *Tibère, ou les six premiers livres des Annales* von Abbé de la Bletterie 1768, *Dialogue des orateurs* von Claude Fauchet 1585, *Des causes de la corruption de l'éloquence, dialogue attribué par quelques uns à Tacite et par quelques autres à Quintilien*, Paris 1630, trad, Morabin 1722, *Dialogue où l'on prouve que l'ouvrage est de Tacite* von Bourdon de Sigrais 1782, *Pensées ingénieuses des Anciens et des Modernes* recueillies par le Père Bouhours nouv. éd. 1721 – das letztgenannte Buch ist z. T. ein Brevier aus Tacitus.

[9] *Corr. litt.* l. c. III, 7 (1755), ib. 177, IX, 248 (1771), X, 10, 406, (1772/74).

[10] l. c. III 8 f. (1755).

[11] *œuvres complètes*, an XIII (1805) IV.

[12] ib. VII, 361.

Tacitus aber kann nur anklagen, die menschliche Natur zu schwarz gesehen zu haben, wer die Tiefe seines Denkens, seinen Scharfblick für Dunkelheit hält und eine Geistesverfassung nicht versteht, die großartig ist durch ihre *triste mais utile connaissance des hommes* und deren schneidende Ironie vom Hauch eines ethischen Pessimismus berührt ist, der schonungslos stets die Abgründe des römischen, ja des menschlichen Lebens überhaupt gestreift hat. Auch ein eleganter Historiker wie Velleius Paterculus kann, meint D'Alembert spöttisch, dieses Bild nicht trüben.

Die hohe Schätzung des Tacitus war dem ganzen 18. Jahrhundert gemeinsam. *Il abrégoit tout, parce qu'il voyoit tout*, meinte Montesquieu *(Esprit des lois* XXX, 1), dem sich schon in der Jugend – 1716 trug der Jüngling in der Akademie von Bordeaux die *Dissertation sur la politique des Romains dans la religion* vor – in der Berührung mit der römischen Historie ein neuer Bereich erschlossen hat. Marmontel entwarf in seiner vergleichenden Betrachtung römischer Historiker ein begeistertes Porträt des Verfassers der Annalen[13]. Wenn Hume Tacitus mit Sueton vergleicht, dann nur um des ersteren genialen Blick, seine größere Kunst der Kritik der Wirklichkeit zu rühmen: . . *But what a difference of sentiment! .. What sympathy then touches every human heart! What indignation against the tyrant, whose causeless fear or unprovoked malice gave rise to such detestable barbarity!*[14] Und Lichtenbergs Bemerkung: Gleich auf der ersten Stufe zu schreiben wie Tacitus liegt nicht in der menschlichen Natur[15], brachte die Bewunderung Taciteischer Diktion auf eine glückliche Formel. Man versteht, daß ein aus langanhaltender Beschäftigung mit Tacitus und Seneca hervorgegangenes Werk, das die Gegenstände ihres Erfahrungsbereiches zum Thema macht, in der Atmosphäre politischer Erregung und Entwicklung, die für das 18. Jahrhundert charakteristisch ist, nicht übersehen werden konnte. Das geschulte Ohr der Leser hat aufgehorcht bei der Schilderung der Tyrannis der römischen Kaiserzeit, und Senecas Wendung von der Politik zur Kontemplation oder sein Oszillieren zwischen beiden schien die Richtung anzudeuten, in der Diderot sich selbst oft bewegte.

[13] *œuvres complètes*, Paris, 1818, IV 68 ff. Auch in der revolutionären und nachrevolutionären Zeit ist der Tacituskult im Steigen. Necker eröffnete sein Buch *De l'administration* Paris, 1791 mit einem Motto aus Tacitus.

[14] *An Inquiry concerning the Principles of Morals, Essays and Treatises on several subjects*, London, 1822, II, 257.

[15] Cf auch seine Beobachtungen über die verschiedene Beurteilung des Tacitus in verschiedenen Lebensaltern, Werke, ed Grenzmann, Frankfurt, 1949, I, 286 f.

Die Besprechung von Grimm[16] macht sich zwar nicht ganz frei von dem klassizistisch gefärbten Ordnungsbegriff, der sich so oft dem Neuen sperrte, spendete aber doch dem Autor das höchste Lob, das ein so kritischer Bewunderer des Tacitus wie Grimm spenden konnte. Er fand die Schrift geistreich und fesselnd, nur die Übergänge schienen ihm gelegentlich zu unvermittelt zu kommen, d. h. der Übergang vom kaiserlichen Rom zum Frankreich Ludwigs XV. Und ebenso überraschte ihn der Enthusiasmus des Autors, der Seneca dramatisiert hat, bald sich selbst, bald andere apostrophierte, so daß man nicht wußte, wen er sprechen ließ oder an wen eigentlich er sich gewandt hatte. *Ce désordre*, so schließt die Grimmsche Besprechung, *est sans doute un défaut, mais ce défaut ne rend l'ouvrage ni moins original ni moins piquant; il ne saurait détruire l'effet de ces belles pages traduites de Tacite, que Tacite lui-même n'eût pas autrement écrites s'il eût écrit dans notre langue.* Vieles in der Beschreibung der Regierung von Claudius und Nero wäre reiner Tacitus und Diderot der erste, der zum originalen Verständnis des Autors den Weg geöffnet hätte. Marmontel legt seiner Besprechung, die man durch manche Artikel aus den *Eléments de littérature* ergänzen kann, keine einengende Fessel klassischer Poetik an. Sie ist Charakteristik Senecas, dessen Diktion sich auch nach Marmontels Ansicht oft unter dem Schleier der Manier und Sophistik verbirgt, und Diderots in einem. Aber ihn stört nicht mehr die hinter der Erzählung pulsierende Neugier des Autors, der die Ereignisse und Personen zum Anlaß politischer, ethischer oder aesthetischer Reflexionen werden läßt. *On n'écrit pas la vie d'un Sénèque pour raconter des faits. Et quelle est celle de ses réflexions qu'on voudrait qu'il eût supprimées? C'est par là que son ouvrage est animé, intéressant et attachant d'un bout à l'autre, et c'est par là qu'il est sien*[17]. Lange noch nach Marmontel ist der scheinbar sprunghafte planlose Charakter der Schrift behauptet worden – hier jedoch kam ein Gedanke zur Geltung, der nicht mehr am Ideal klassischer Vollendung orientiert war und in einer gewissen Verbindung mit den Beobachtungen Herders steht.

Herder stellt in der Adrastea Überlegungen über das Lesen abgerissener, hingestreuter Gedanken an, die scheinbar einem Text den bestimmenden Charakter nehmen können. „Über jeden sollte man sich Rechenschaft geben: „ist er wahr? und wiefern? wie kam der Denker auf ihn? und was hat er für Folgen?“ Dies sich selbst kurz oder ausführlich, aber bestimmt zu bemerken, ist eine Conversation der Geister; eine Übung, da wir selbst aus

[16] Corr. litt. l. c. XI, 77.
[17] l. c. VII, 719 ff. (*Mélanges de prose et de poésie, Pièces diverses*).

dem Falschen oder Halbwahren Wahrheit lernen. Manche Gedanken führen uns in dieser Geistesunterredung ungemein weit auf Wege und zu Materien, an die der Autor selbst nicht dachte; aus manchem Samenkorn, das ein Vogel hintrug, erwuchs mit der Zeit ein Wald von Bäumen, eine neue Schöpfung. Wie Diderot den Seneca durchgehet und controlliret, wie Machiavell den Livius, andere Italiäner den Tacitus ausgesponnen und commentirt haben; so dürfen wir mit einzelnen pensées oder thoughts berühmter Männer, die unserm Geist verwandt sind, umgehn[18]." Und Herder, der zunächst, wie er an Hamann schrieb, in der Schrift Diderots nur den „Duft des Atheismus und der Vernichtung" merkte, kam in den Beiträgen zur Neuen Deutschen Monatsschrift doch wieder auf dieselbe zurück (1795, 391 ff); er handelt dort von Seneca als Philosoph und Minister, er kam auf die La Grangesche Übersetzung zu sprechen, auf Diderots Schrift und auf eine deutsche Arbeit (Seneca nach dem Charakter seines Lebens und seiner Schriften entworfen, Zürich 1783). Herder ist geneigt, die Haltung, in die Seneca oft gezwungen war, mit dem Hinweis auf den „trüglichen Charakter des Hofes", auf die „gefahrvolle Szene unter Nero" zu entschuldigen. Denn schwankt auch der Mensch Seneca zwischen verschiedenen Richtungen, so wird der Schriftsteller doch Herr über das Leben, dessen Erfahrungen er vervielfachen und steigern konnte: „Gnug; wie auch sein Charakter seyn mochte, seine Schriften sind ein reiches Füllhorn der schönsten, größten Sentenzen. Diderot hebt mehrere derselben aus, fügt seine Meinung hinzu und spricht mit unserm Innern so vertraulich, daß der Leser sich gedrungen fühlt, hie und da auch sein Wort hinzuzusetzen und mit Seneca, mit Diderot zu raisonnieren, als ob er der Dritte sein müßte. Hiermit wird das Buch ein lebendiges Gespräch zwischen dem alten Weisen, seinen Auslegern und Freunden, endlich mit uns selbst, in vielfacher Anwendung auf neue Welt- und Lebensscenen[19]."

Fast gleichzeitig hat Wilhelm v. Humboldt während der vier Jahre, die er im Paris des Direktorium verbrachte, die Diderotsche Schrift entdeckt. Humboldt hat uns ein Tagebuch seines Pariser Aufenthalts hinterlassen. Durch das Haus der Mme de Vandeul und durch den Salon der Mme Condorcet fand er Eingang in die Gesellschaft. Die Stadt selbst hatte ihm, wie er schreibt, „einen unendlich vorteilhaften Eindruck" gemacht und seine Lebenserfahrung erweitert um die vorrevolutionäre Literatur. An Diderot bewunderte er besonders die praktische Menschenkenntnis der

[18] Werke, Berlin, 1885 (Suphan), XXIII, 238.
[19] l. c. XVIII (Suphan), 399.

großen Welt und in einer Tagebuchnotiz aus dem Jahre 1799 bespricht er unsere Schrift. Aber während man von vielen seiner bedeutenden Urteile jener Zeit mit Recht gesagt hat, daß sie durch den Gegensatz des deutschen zum französischen Menschen bestimmt seien[20], gilt dies nicht von der Würdigung des Essai. Daß die Diskussion über Senecas Verhalten am Hofe Neros das Gepräge bekam durch den ständigen Blick auf die Verbindung der aufklärerischen Philosophen mit den Mächtigen, war Humboldt als Kenner der Literatur des Ancien Régime nicht zweifelhaft. Interessanter ist, daß er an der Komposition der Schrift, die so ganz und gar nicht in die Grenzen des Herkömmlichen gebannt blieb, so wenig Anstoß nahm wie Herder: „Eine äußerst interessante Schrift, da sie ganz in Diderots Eigentümlichkeit geschrieben ist. Es ist keine fortlaufende Geschichte, keine vollständige philosophische Analyse, es geht immer sprungweise, immer mit Abschweifungen, oft sogar wie ein Gespräch. Der historische Theil ist sehr gut behandelt, mit einer Beredsamkeit, von der man sich kaum einen Begriff macht. Man sehe z. B. Messalinens Hochzeit und Tod, und die Stelle nach Neros Ermordung... Außer ihrem eigentlichen Gegenstand ist diese Schrift an andern interessanten Dingen sehr reich. In der Geschichte ist er ganz Mahler und Moralist, das erste in einem eminenten Grade[21]."

Wie man sieht, war im 18. Jahrhundert das Interesse relativ groß für jenes Spätwerk Diderots, das seither, in Rosenkranz' kurzem Referat und in der gesamten modernen Forschung stets nur streifend berührt worden ist[22], das aber als Spiegel des späten 18. Jahrhunderts, als Selbstaussage Diderots und Widerhall seines Lebens noch der Erklärung bedarf.

[20] *H. Schaffstein, Wilhelm v. Humboldt,* Frankfurt, 1952, 129.

[21] Gesammelte Schriften, Akademie-Ausg. XV. 3. Abt. (Tagebücher II), Berlin, 1918 3 f.

[22] So bei Thomas, *L'humanisme de Diderot,* Paris, 1932. Mornet, Diderot, Paris, 1941 nennt den Essai *« un assez long ouvrage »* (202), R. Gillot, *Diderot,* Paris, 1937 geht nur auf einzelne Urteile über antike Literatur ein, gar nicht auf die Schrift selbst. P. Mesnard, *Le cas Diderot, Essai de caractérologie littéraire,* Paris, 1952 macht den m. E. unglücklichen Versuch, Diderot charakterologisch zu erklären und seine literarische Produktion aus dem *« caractère colérique »* abzuleiten. Doch nicht einmal die Kritik an Rousseau im Essai — die übrigens in einem Brief an Falconet aus dem Jahre 1768 schon vorgebildet war (*œuvres,* Assézat, XVIII, 269) — ließe sich so erklären. Die interessante Schrift von G. May, *Quatre visages de Diderot,* Paris, 1951 behandelt den Essai nicht, der Vf. verweist aber in seinem Buch *Diderot et « La Religieuse »,* Paris, 1954, 28 auf ein während der Epoche des Konsulats erkennbares Interesse an der Antike, das auch dem *Essai* zugute kam und in E. Salvertes *Eloge philosophique de Denis Diderot lu à l'Institut national le 7 thermidor* (27 juillet 1800) seinen Ausdruck findet, I. Luppol, *Diderot,* Paris, 1936 gibt in der Erörterung des Stoizismus einige knappe Hinweise.

Die beiden Hauptteile der Schrift – Die Schilderung der Regierungszeit Claudius' und Neros, Die Einführung in Leben und Schriften Senecas - sind fast gleich lang. Jeder Abschnitt wird durch eine Widmung an Naigeon eingeleitet. Die zweite ist ein knapper erklärender Hinweis, die erste jedoch ein Ausdruck persönlicher Gefühle Diderots und rückschauender Erinnerung an den früh (1775) dahingegangenen La Grange, dessen Gestalt wie ein Schatten, der seine Lampe umschwebt, stets deutlich vor ihm steht. So wie die Welt des Tacitus und Seneca in die Wirklichkeit des damaligen Lebens getragen wird, so verschmelzen deren Bilder und Gefühle mit der vergegenwärtigten geschichtlichen Wirklichkeit.

Das Buch, berichtet die Widmung, ist ein Produkt der Muße, entstanden *pendant un des plus doux intervalles de ma vie*, aus der Lust, sich in die Landschaft einzuspinnen, sich an die Einsamkeit zu gewöhnen. Es ist am Abend des Lebens geschrieben – *assez voisin du terme où tout s'évanouit* –, und der Blick auf ein Dasein, das man übersieht und dessen Ende man nahe fühlt, barg in sich den Boden, aus dem eine meditative Stimmung erwachsen ist, die in der Zwiesprache mit antiken Schriftstellern eine besondere Art von Glückseligkeit empfindet: *Chaque âge lit à sa manière, la jeunesse aime les événements, la vieillesse les réflexions*. Das Buch gleicht seinen Spaziergängen. Eine *Promenade du sceptique ou les allées* hatte Diderot schon 1747 verfaßt; schon damals hatte er das antik bestimmte, dem ganzen 18. Jahrhundert vertraute Motiv des Spaziergangs gefunden und die Allegorien der verschiedenen Alleen konzipiert, damit der Leser in dem verschlungenen Gewebe philosophischer Systeme sich zurechtfinden könne. Jetzt jedoch sind die Schalen dieses allegorischen Verfahrens abgestreift, der Spaziergang ist Mittel der inneren Charakteristik; Diderot geht schneller oder langsamer, je nachdem ob eine Landschaft seine Ideen in Bewegung versetzt. *Toujours conduit par ma rêverie*, dem Nachsinnen sich überlassend, so daß die Darstellung manchmal anmutet wie unterbrochen durch eine abspringende Laune, weil die Grenzen von Traum und Wirklichkeit in seinem Denken ohne Unterscheidung ineinanderfließen. Dadurch hat die Schrift etwas Flackerndes, das dem Feuer gleicht, und ist charakteristisch für den schwebenden und mitunter schwankenden Charakter eines Lebens, das oft ein sich veränderndes Spannungsfeld zwischen Aktion und Kontemplation, zwischen dem aufgeschwungenen Zustand der Seele und der Depression war.

Ich müßte van Dyck sein, sagt Diderot, traute ich mir die Kraft zu, nur Senecas Bildnis im Gemälde zu schildern statt ihn aufs engste mit seiner Zeit zu verbinden, als deren Repräsentant und Gegenspieler er seine besondere Würde empfängt. Deswegen kreuzen historische Darstellung einer vergangenen Epoche, Interpretation antiker Autoren und Selbstdarstellung und Selbstreflexion sich ständig, und kein Kapitel kann außerhalb dieser Wechselwirkung gedacht werden. Die Individualität verbirgt sich nicht, sondern schiebt sich in den Vordergrund, und Diderot meint, er hätte vielleicht in der Art, wie er einstmals Richardson beschrieben hatte, auch Seneca schildern sollen *me livrant à toute la chaleur de mon âme, à toute la fougue de mon imagination.* Das im 18. Jahrhundert viel häufiger als früher immer wieder begegnende Wort *chaleur* – es ist auch Terminus der Poetik – ist charakteristisch. Bei manchen Autoren schillert und glitzert es nur, aber hier ist sein Klang echt[23]. Vieles mag von Voltaire aus gesehen, auf dessen Diktion dämpfend das Prinzip klassischer Poetik liegt, wie ein Überschwang erscheinen, wie ein Gefühl, das sich zur Ekstase steigert in einer Sprache, in der der bewegte und erregte Ausruf, die Frage- und Wechselrede breiten Raum gewonnen haben, als strebte man zurück zur Vorstellungs- und Ausdrucksfähigkeit von Montaignes Essais, die den Ansatz zu einem Reichtum von Möglichkeiten in sich trugen, denen Diderot so gut angehört wie Rousseau. Das Bild seiner Verbindung mit Seneca und auch mit Tacitus, ja überhaupt mit antiken Autoren faßt Diderot daher in der Widmung vordeutend schon in einen charakteristischen Rahmen: antike und moderne Elemente sind in seiner Darstellung und Diktion miteinander vermengt; es gelingt ihm, den antiken Gestalten greifbare Wirklichkeit zu geben und zugleich stets die Verbindung mit der Analyse der eigenen Seele aufrechtzuerhalten: . . *si l'on jette alternativement les yeux sur la page*

[23] Diderot gebraucht es oft. So wirft er der Schrift des Thomas *Sur les femmes* (l. c. II 251) vor: *il a beaucoup pensé, mais il n'a pas assez senti: j'aurais écrit avec moins d'impartialité, mais je me serais occupé avec plus de chaleur du seul être de la nature qui nous rend sentiment pour sentiment,* ib. 372 *C'est à la chaleur d'une conversation qu'on doit quelquefois le soupçon d'une vérité, III, 232, Sénèque parle d'après la chaleur de son âme,* ib. 487 *remarquer le génie . . la chaleur de Plaute,* XVIII, 171 (an Falconet) *quoique la présence de ces différents motifs cesse dans mon esprit, la chaleur en reste au fond de mon cœur . .* Ähnlich spricht Grimm, *Corr. litt.* l. c. XII 36 (von einer Schauspielerin): *on lui a trouvé de l'intelligence, de la chaleur, et du pathétique . . Il est vrai que sa chaleur, quelquefois la vérité de l'expression entraînent,* ib. 300 findet er bei S. Mercier *du style et même de la chaleur.* Dies entsprach den Theorien der Poetik. Marmontel spricht von *chaleur de l'imagination, des mouvements de l'âme . . . la chaleur du style en général, la véhémence est la chaleur des mouvements de l'âme, mais la chaleur du style est comme l'âme et la vie, c'est une métaphore, œuvres* l. c. XII, 431. Buffon, *œuvres,* ed J. Piveteau, Paris 1954, 506 b schreibt *on n'aura même que du plaisir à écrire; les pensées se succéderont aisément, la chaleur naîtra de ce plaisir, se répandra sur tout et donnera de la vie à chaque expression.*

de Sénèque et sur la mienne, on remarquera dans celle-ci plus d'ordre, plus de clarté, selon que l'on se mettra plus fidèlement à ma place, qu'on aura plus ou moins d'analogie avec le philosophe et avec moi, et l'on ne tardera pas à s'apercevoir que c'est autant mon âme que je peins, que celle des différents personnages qui s'offrent à mon récit. Dieses Wechselspiel mit der Wirklichkeit, der man verschiedene Flächen zuwendet, ist ein Charakteristikum der Schrift, jedes Gebiet, das der Autor berührt, reiht sich an die Phasen des eigenen Lebens.

Eine Charakteristik Senecas, die aber zugleich zeigt, wie unlöslich dessen Leben in seinen überindividuellen Gedanken verknüpft war mit dem Schicksal des römischen Staates, – eine solche Zielsetzung deckte sich in mancher Hinsicht mit den historischen Romanen, deren verschiedene Spielarten sich seit der Mitte des 17. Jahrhunderts entwickelt hatten. Die Astrée des d'Urfé ließ erfundene Gestalten in einem beglaubigten historischen Milieu sich aufhalten, in den Romanen der Mlle de Scudéry erschien die zeitgenössische Gesellschaft inmitten von Lebensanschauungen und von Lebensformen aus einem vergangenen Jahrhundert und einer versunkenen Kultur, die Momente einer stilisierten Antike in sich trug. Die zergliedernde Kunst der Segrais und Mme de la Fayette entwarf Brücken in die Zukunft, vermied die Beschreibung, die sich nicht versagen konnte, zu endlosen Bänden anzuschwellen, und ergriff Besitz vom Stoff einer Zeit, um ihn künstlerisch zu gestalten. *La Princesse de Montpensier* (1662), *la Princesse de Clèves* (1678) führen uns in das Frankreich Karls IX. bzw. Heinrichs II. Die Deutung einer besonderen Lage und der durch sie bestimmten Personen wurde zum Problem. Den Romanschriftstellern war ein neues Prinzip der Darstellung mit auf den Weg gegeben, und während Denken und Empfinden fiktiven Welten angehörten, war der Rahmen, der die Romanhandlung umschloß, aus wirklichen historischen Voraussetzungen erwachsen. Fruchtbare Schriftsteller wie der Abbé de Saint-Réal[24] (1638 bis 1692) oder Le Noble[25] (1643—1711) erfüllten die Erwartungen eines großen Publikums, das an einer faßlichen Historie interessiert war, in der die Belehrung mit Unterhaltung verbunden blieb, so daß man durch Zerstreuung über Stunden und Tage der Langeweile hinwegkam. Le Noble, der im allgemeinen in der Schilderung eines historischen Milieus Saint-

[24] Erste Gesamtausgabe *œuvres*, nouv. éd. La Haye et Paris, 1722, achte etwas erweiterte in acht Bänden Paris, 1757. Cf. auch Gustave Dulong, *L'abbé de Saint-Réal,* Paris, 1921.

[25] Eustache Le Noble, baron de St. George et de Tennelière, *Œuvres complètes,* 20 vol Paris, 1778. Mehrere seiner Novellen sind in Vignacourt, *Amusements de la campagne,* 8 vol Paris, 1743 enthalten.

Réal unterlegen war, ist ihm in der *Histoire secrète de la conjuration des Pazzi contre les Médicis* (1697) oder im Roman *Epicaris* (1698) doch so nahegekommen, daß dieses letzte Werk, das von der Liebe Neros zu Popaea und von der Eifersucht der griechischen Sklavin Epicaris handelt, 1745 in die Gesamtausgabe von Saint-Réal aufgenommen und von Diderot irrtümlich diesem zugeschrieben wurde. In der historischen Unterhaltungsliteratur der Saint-Réal und Le Noble[26], die oft in die Bahnen der alten Geschichte gelenkt worden war, hatte man das Geschehen zu möglichst spannenden Effekten gesteigert und vielfach in den Begriffen erfaßt, die aus der humanistischen Literatur, die man oft zum Vorbild nahm, bekannt waren. Die Schilderung der Ereignisse ist daher von ständigen Hinweisen auf die Verstellung geleitet, denn die Theorie der Verstellung (dissimulatio) nahm seit langer Zeit in der Traktatliteratur einen großen Raum ein[27]. Ob man die Verbindung von Politik und Moral oder die klare Scheidung zwischen beiden anstrebte – Tacitus konnte damals in verschiedener Weise verstanden werden und in seinem Wesen ein machiavellistischer oder ein ethischer Zug zur Geltung kommen. Die Interpretationen schwankten dauernd hin und her, bald nach dieser, bald nach jener Seite sich neigend[28]. Tacitus ist daher in den romanischen Ländern, in Italien, Spanien, Frankreich ein aktueller Schriftsteller seit dem 16. Jahrhundert, und er hört nicht auf es zu sein. Montaigne liest ihn 1588 und findet: *Son service est plus propre à un estat trouble et malade comme est le nostre present, vous diriez souvent qu'il nous peinct et qu'il nous pinse*[29]. Im 17. Jahrhundert hat sich das Interesse oft zum Enthusiasmus gesteigert. Fontenelle nannte Tacitus in einem Atem mit Descartes: *Tacite et Descartes me paroissent deux grands inventeurs de systèmes ou deux espèces bien différentes; mais tous deux également hardis, d'un génie également élevé et fécond*[30]. Man wird, je tiefer man in den Text eindringt, immer mehr fasziniert, und bald vom Ideengehalt, bald von der Formulierung angezogen. Und dies ist leicht erklärlich. Schien es doch oft, als ob die Theorie der politischen Klugheit, die man seit dem frühen Humanismus in verschiedenster Weise abgewandelt hatte und die für das 17. Jahrhundert so

[26] Sie sind gewissermaßen die Stefan Zweig und Emil Ludwig des 17. Jahrhunderts.

[27] Cf. Torquato Accetto, *Della dissimulazione onesta* (1641), ed. G. Bellonci, Firenze, 1943.

[28] Toffanin, *Machiavelli e il „Tacitismo", la politica al tempo della Controriforma*, Padova, 1921, und Croce, *Storia dell'età barocca in Italia*, Bari 1929, 83 ff verzeichnen die reichhaltige Traktatliteratur. Cf. auch Sanmarti Boncompte, *Tacito en España*, Barcelona, 1951.

[29] *Essais*, III, 8, *œuvres complètes*, ed. Armaingaud, Paris, 1927, V, 350.

[30] *Sur l'Histoire, œuvres* (nouv. éd) Paris, 1766, IX, 404.

charakteristische Vorliebe für Witz und Sarkasmus die Farbe Taciteischer Weisheit angenommen hätte. So ist Tacitus ein wichtiges Lebenselement in Frankreich geworden. Ein Übersetzer, Amelot de la Houssaie (1634—1706) hat in seiner 1678 erschienenen *Morale de Tacite* den römischen Schriftsteller mit La Rochefoucauld verglichen und ihm im komplizierten psychologischen Haushalt der französischen Literatur eine besondere Funktion zufallen lassen. Er fand bei ihm die zu ironischer Schärfe gesteigerte Kürze und zugleich eine idealisierende und moralisierende Lehre. Amelot de la Houssaie gibt abrißhaft eine Geschichte der Tacitusrezeption, und Namen wie Bodin, Lipsius, Montaigne, Naudé usw. zeigen, wie vielen bedeutenden Autoren das Interesse an Tacitus gemeinsam war.

Daß Diderot sich über alle Arten der Tacitus- und Senecakommentare, über alle Schattierungen der Deutung ebenso klar war wie über die noch anhaltende Wirkung der historischen Romane – modern gesprochen der vies romancées –, ist unverkennbar. Weil er der geschichtlichen Wahrheit eine positive bildende Kraft zutraut, war sein Auge scharf genug, um den Nebel aus Pathos und Sentimentalität, galanter Liebesdarstellung und politischer Berechnung in der Romanliteratur zu durchschauen. Seine Kritik der Saint-Réal und Le Noble ist absolut: *le roman historique est un mauvais genre : vous trompez l'ignorant, vous dégoûtez l'homme instruit ; vous gâtez l'histoire par la fiction, et la fiction par l'histoire.* Der von der Bayleschen Quellenkritik und von der Voltaireschen Geschichtsschreibung geweckte Glaube gab auch Diderots Beschreibung der römischen Kaiserzeit die Richtung.

Anderseits kamen die beiden Hauptströmungen der Tacitusdeutung und Umdeutung in seinen Schriften zu Wort. Wenn er im *Essai sur les règnes de Claude et de Néron* im Schatten des Tacitus steht oder dessen Kritik durch eigene Porträts der Machthaber, der Höflinge, der Heuchelei und Verstellung noch übersteigert, so ließ er sich doch auch einmal auf das Feld machiavellistischer Deutung verlocken, denn die Kaltblütigkeit, mit der in den *Principes de la politique des souverains* (1775, l. c. II) der Fürst (Friedrich der Große) die Politik und die Lage der Untertanen betrachtet, stammt aus Schichten der geistigen Welt Machiavells und des Machiavellismus, die Diderot so vertraut waren, daß er sie bald bekämpfen, bald zynisch nachbilden konnte. Aber im *Essai* steht seine Betrachtung in nächster Verwandtschaft zu der noch nicht machiavellistisch umgedeuteten sittlichen Absicht des Tacitus, und sein Gedanke kehrt aus der geschilderten Wirklichkeit römischen Lebens analogisch zurück zur französischen Wirklichkeit des 18. Jahrhunderts. Denn daß diese dauernd mit der römischen vergleichbar und mit ihr verwandt sei, ist eine Voraussetzung Diderots, die um so wirksamer sein mußte, weil auf diese Art seine und des Tacitus Kritik sich zur Deckung bringen ließen. Löst man jene Schilderungen der Diktatur und des Hofes aus dem Kontext, so sieht man, wie sehr der Blick Diderots, der durch das Medium der Antike sprechen muß – wie so oft später die Redner der Revolution – doch auch festgehalten wird in der gärenden französischen Situation. Deswegen kann sich der Schwerpunkt seiner Teilnahme an Rom und an Senecas Schicksal stets so leicht verschieben von den literarischen Themen auf die politische und gesellschaftliche Seite der französischen Entwicklung. Las man die folgende Beschreibung der Tyrannis: *la tyrannie imprime un caractère de bassesse à toutes sortes de production; la langue même n'est pas à couvert de son influence: en effet, est-il indifférent pour un enfant d'entendre autour de son berceau le murmure pusillanime de la servitude, ou les accents nobles et fiers de la liberté? Voici les progrès nécessaires de la dégradation: au ton de la franchise qui compromettrait, succède le ton de la finesse qui s'enveloppe, et celui-ci fait place à la flatterie qui encense, à la duplicité qui ment avec impudence, à la rusticité révoltée qui insulte sans ménagement, ou à l'obscurité circonspecte qui voile l'indignation* (l. c. 24), so mußte der Zusammenhang von geschichtlichem Kommentar und Erkenntnis einer drohenden Gefahr zum Bewußtsein kommen wie bei allen Ansätzen zur politischen Kritik, die im Strom der bewegten Erzählung immer wieder auftauchen. Der Abschnitt über die Großen wird durch die folgenden Sätze eingeleitet: *Les grands, une fois corrompus, ne doutent de rien; devenus étrangers à la dignité d'une âme élevée, ils en attendent ce qu'ils ne balanceraient pas d'accorder; et lorsque nous ne nous avilissons pas à leur gré, ils osent nous accuser d'ingratitude. Celui qui, dans une cour dissolue, accepte ou sollicite des grâces, ignore le prix qu'on y mettra quelque jour* (l. c. 48).

Das klang drohend, schärfer als La Bruyère, und ließ Kräfte ahnen, die noch gebunden waren, aber entfesselt hinausführen konnten aus der wankenden Ordnung des Ancien Régime. Als Diderot, gestützt auf Tacitus, Suetons Biographie und Senecas Apocolocynthosis den Tod des Claudius erzählt und die Rolle beschrieben hat, die ihm im Schauspiel der Diktatur zugefallen war, fährt er fort: *Après la mort d'un souverain, les yeux inquiets des ministres, des courtisans, des grands, des politiques, de la nation, se fixent sur son successeur. On pèse ses premières démarches; on prête l'oreille, et l'on interprète ses propos les plus indifférents; on étudie ses penchants, on épie ses goûts, on cherche à démêler son caractère, on attend que le masque se lève. Que le courtisan de la veille est vieux le lendemain! Combien d'hommes importants tombent tout à coup dans le néant! Ceux qui approchent le nouveau maître so composent un visage équivoque, qui n'est ni celui de la joie ou de l'ingratitude, ni celui de la tristesse ou de l'indécence* (l. c. 54).

Der Hof zeigt wie bei La Bruyère, wie in Saint-Simons berühmter Schilderung der Höflinge am Totenbett Ludwigs XIV. seine Kehrseite. Hinter aller Geschäftigkeit, die vor sich und jeder Neuerung flüchtet, tritt das Gespenst einer höhnisch gestalteten Leere hervor. Auch die Beredsamkeit ist hineingezogen in den allgemeinen Verfall – wie hätte sie sich auch entwickeln sollen in einer unfreien Nation? Alle produktiven Energien und Impulse kämpfen sich ab, und die Gleichgültigkeit gegenüber dem öffentlichen Leben lastet auf der Seele, oft sich steigernd zur Zweideutigkeit und Unwahrheit[31].

Diderot erreicht durch dieses Verfahren, die Breite des römischen Lebens präsent zu machen, aber auch die zeitgenössische Situation nachzuzeichnen, und zahlreich sind die Kapitel, in denen Rom und Paris zugleich den Mittelpunkt bilden, auf den das philosophische und politische Interesse des Autors bezogen sind. In diesem lebendigen Ineinander von Rom und Paris ziehen daher bald Seneca, bald Diderot, der in ihm sich spiegelt, die Aufmerksamkeit des Lesers auf sich, denn die dauernde Wechselwirkung verwandter Kräfte bewirkt, daß das antike und moderne Leben von dem Beobachter erfaßt werden. Beide in der Spät- oder Endphase ihrer Entwicklung, darum kann der Einfluß, den Erziehung und Sitte auf den Menschen haben, einen stetigen Zusammenhang in negativer Richtung bilden. Die Abneigung gegen die Tyrannis fördert das einsame Leben, die Philosophie wendet sich nicht mehr an die Öffentlichkeit, sondern verharrt im Soliloquium in sich selbst. Diderot muß empfunden haben, daß der Horizont seiner Schriftstellerei sich oft mit der versinkenden römischen Welt deckte, in der Seneca für die Nachwelt schrieb. Zeit, Kunst und Philosophie stehen dann nicht nebeneinander wie Mächte, zwischen denen ein Austausch naheliegt, und die einander ergänzen, sondern nicht mehr verbunden, flüchtet die Philosophie in die Zone des Schweigens, sich zurückziehend vor den Krankheitsstoffen, die die Politik verbreitet.

[31] Cf. auch Diderots Artikel *duplicité* in der Enzyklopädie, œuvres, l. c. XIV, 302.

Ein neues Element lag in Komposition und Stil der Schrift, das die gegebenen Formen auflockern und sprengen konnte; ihr Charakter läßt sich auf ein Prinzip zurückleiten, das wir als den Kernpunkt von Diderots und Senecas Anschauung kennenlernen. Liest man in der Widmung an Naigeon: *Je ne compose point, je ne suis point auteur, je lis ou je converse, j'interroge ou je réponds* und später (l. c. 227) von Seneca: *il ne compose pas, il verse sur le papier son esprit et son âme*, so kann das nicht bedeuten, daß die Planlosigkeit zum Prinzip erhoben wäre. Diderot sagt (l. c. 303) – und wieder zeichnet sich sein Profil im Licht der Senecainterpretation ab – aus Anlaß einer scheinbaren Digression in De beneficiis: *Le style de Sénèque est coupé, mais ses idées sont liées*[32], und diese Beobachtung steht in Einklang mit Bemerkungen aus einem frühen Aufsatz über Helvétius – *Réflexions sur le livre de l'esprit* (1758) –, in denen ein negativer Ton auf der Methode liegt, in der die Kreise des Geistes nicht so weit gezogen sind wie in der Erfindung: *L'esprit d'invention s'agite, se meut, se remue d'une manière déreglée; il cherche. L'esprit de méthode arrange, ordonne, et suppose que tout est trouvé*[33]. Assoziativ ergibt sich dahe die Beschreibung seines Konfliktes mit Rousseau[34] im Anschluß an die Erörterung der Haltung des Suilius gegenüber Seneca, und indem Suilius wie Rousseau entlarvt oder des Nimbus entkleidet werden, schreitet Diderot nur scheinbar aus dem römischen Bezirk hinüber auf die Bahn der zeitgenössischen Welt. Oder wenn sein Auge die entschwebende Gestalt Voltaires verfolgt und im Nekrolog, den seine schriftstellerische Kunst ihm widmet, das Voltairesche Wesen praktische und sittliche Kraft und Zuversicht über das Dasein ausbreiten läßt, dann ist die Schilderung zugleich Replik und will den Gedanken aus den *Epistulae ad Lucilium*, als gäbe es kein Leben, das zu kurz wäre, durch das Beispiel Voltaire widerlegen, dessen Dasein als einem Sonderfall der Kunst man die längste Dauer gewünscht hätte. Wie das scheinbar Disparate doch in harmonischen Einklang gebracht wird, wird man verstehen, wenn man auf Diderots Begriff der Harmonie eingeht. *Il ne composait pas, il n'écrivait pas* (l. c. 398) heißt es ein drittes Mal am Ende der Schrift; er sprach mit sich selbst oder mit seinem

[32] Cf auch den Artikel *délié* in der Enzyklopädie: *un discours délié est celui dont on ne démêle pas du premier coup d'œil l'artifice et la fin, œuvres* l. c. XVI 278.

[33] l. c. II, 273.

[34] Cf dazu, J. R. Smiley, *Diderot's Relations with Grimm*, Illinois, 1950, N. L. Torrey, *Rousseaus Quarrei with Diderot and Grimm, Yale Roman. Studies*, XXII, (1943), Guillemin, *Cette affaire infernale (Les philosophes contre Jean-Jacques)* Paris, 1942. Die Kritik an Rosseau, die in den sog. „*Tablettes*" enthalten ist, hat Assézat nicht abgedruckt, Cf. Grimm-Meister, *Corr. litt.* l. c. XVI, 219 ff.

Leser und durfte sich rückhaltlos allen Gefühlen der Bewunderung oder des Hasses, des Kummers oder der Freude überlassen. Muß man doch, meint Diderot, zwei Arten der Harmonie unterscheiden, die eine schmeichelt dem Hörer durch die Disposition und glückliche Wahl des Ausdrucks[35], die andere, seltenere, wurzelt in einer empfindsamen Seele und kann bewegter und belebter Ausdruck aller Affekte sein: *La première convient aux récits tranquilles, la seconde est propre à toutes les circonstances qui portent le trouble dans les idées, dans les sentiments et le discours.* Sie entsprach Diderots Eigenart. Die Möglichkeit, sie zu gestalten, war ihm nicht immer gegeben, aber in den Schriften seiner letzten Jahre wurde sie immer wieder Wirklichkeit in einer oft träumerischen Verknüpfung der ihm zuströmenden Ideen. Wie könnte aber die Bewegung besser abgebildet werden als im Umgang mit dem alter ego, mit Gestalten seiner Phantasie, deren Fragen und Einwänden sein Werk die Weite der Spannung verdankt, die uns noch heute entzückt?

Der Leser wird daher eingeführt, der fragend die Darstellung unterbricht, sie dialogisch macht und zum Gespräch zurückführt. Der Autor vereinigt in seiner Person verschiedene Personen, und statt des Ebenmaßes der Symmetrie der – im alten Sinn des Wortes „harmonisch" – aufeinander abgestuften Teile herrscht eine Bewegung, die dem Wellenschlag des Meeres gleicht, das der Strömung unterworfen ist. Es ist, als stellte *eine* Stimme auch nur *eine* Seite des Lebens dar und als brauchte der Autor Antwort und Widerspruch, um bald aus der Wechselrede, bald aus dem Tumult verschiedener Standpunkte in ihm liegende Möglichkeiten herauszuprojizieren auf einen erdachten Leser oder Gesprächspartner, der der Person des Autors sich entgegenstellt. Man könnte darin, im Sinn von Diderots Enzyklopädieartikel *distraction*[36], eine weitreichende, spendende und Ideen an sich ziehende Kraft sehen, die stets von etwas Neuem angezogen ist, das sie auf eine fruchtbare Weise sich aneignen will. Insofern tritt die kompositionelle Verwandtschaft und Verbundenheit des *Essai sur les règnes de Claude et de Néron* mit dem Selbstgespräch in der *Réfutation de l'ouvrage d'Helvétius intitulé l'hom-*

[35] Cf ähnliche Definition bei Batteux, D'Alembert und vielen Autoren des Jahrhunderts, auch bei Condillac, *Dissertation sur l'harmonie du style, Œuvres,* ed Le Roy, Paris, 1947, I. 612 ff.

[36] Cf. distraction l. c. XIV 287 f. La *distraction* a sa source dans une excellente qualité de l'entendement, une extrême facilité des idées de se réveiller les unes les autres. C'est l'opposé de la stupidité qui reste sur une même idée. L'homme *distrait* les suit toutes indistinctement à mesure qu'elles se montrent; elles l'entraînent et l'écartent de son but: celui au contraire qui est maître de son esprit, jette un coup d'œil sur les idées étrangères à son objet, et ne s'attache que celles qui lui sont propres.

me, mit den Erzählungen, mit dem *Neveu de Rameau* und *Jacques le fataliste* deutlich zutage. Auch hier war die Mannigfaltigkeit ein durchgehendes Gestaltungsprinzip, Einschaltungen des Autors, eingeschobene Abhandlungen und Dialoge über allgemeine Themen, Diatriben, Digressionen, die vom Thema und der Handlung abschweifen, poetische Einlagen, Geschichten in der Geschichte, fingierte Briefe, dies und noch viel anderes war Merkmal einer wunderbaren Vielgestaltigkeit. Genau so hat die Schilderung der Epoche des Claudius und Nero, stets bestrebt, die Berührungspunkte zwischen Seneca und der Welt zu fassen, seine Motive zu verstehen und ihn von der Last einer schonungslosen Verurteilung zu befreien[37], eine Technik der Abwechslung gewählt, die Weite des Rahmens und Auflockerung, ja Zersetzung geschlossener Formen zur Folge hat. Die Ereignisse und Handlungen werden mit dem Willen zur historischen Wahrheit und ohne Verfälschung des Tatsächlichen berichtet, in Kombination der „Quellen", die dem Schriftsteller des 18. Jahrhunderts zur Verfügung standen, aus des Tacitus Annalen, aus Sueton, Dion Cassius, Seneca[38]. Aber weil die Darstellung nicht bloß fortlaufende Erzählung, nicht bloß Wiedergabe eines bestimmten Zeitabschnittes ist, sondern wie angedeutet, sich die Freiheit nimmt, Exkurse einzuschieben, Fragen an die Gewährsleute zu richten, den Fluß der Erzählung zu unterbrechen, so daß der Faden, der sie zusammenhält, verlorenzugehen scheint, liegt sie methodisch nicht weit ab vom zweiten Teil, der den Inhalt an Gedanken, den das Senecasche Werk umschließt, in einer freien Nach- und Weiterbildung dem Leser vor Augen legt; von den Briefen an Lucilius bis zu den Quaestiones naturales werden die Senecaschen Schriften in ihren mannigfachen Elementen erschlossen und Diderots Gaben immer von neuem entfaltet.

Nennt man die Schrift einen Kommentar, so muß man hinzufügen, daß es sich um einen Kommentar sui generis handelt, der nicht unter den Begriff der Collectanea fällt und mit der philologisch-ästhetischen Kritik des Humanismus so wenig zu tun hat wie mit Voltaires Corneillekommentar oder mit Cesares Le bellezze di Dante. Was Diderot in der Eingangswidmung

[37] In Reaktion auf die Polemik gegen Seneca ist Diderot in der Apologetik sehr weit gegangen. Die moderne Forschung beurteilt Senecas Politik kritischer. Cf. Mario Attilio Levi, *Nerone e i suoi tempi*, Milano, 1949, Gérard Walter, *Néron*, Paris, 1955.

[38] Diese Quellen gestatten ihm natürlich noch nicht zwischen urkundlich Überliefertem und Erfundenem in Tacitus zu unterscheiden, sein und seiner Zeit aktualisierendes Verfahren versteht die antiken Schriftsteller nicht als historische Erscheinung, wie es die moderne Forschung (Reitzenstein, Fabia, Boissier, Wuilleumier – um nur einige Tacitusinterpreten zu nennen –) selbstverständlich tut.

sagt, daß er nämlich mit den Briefen an Lucilius beginnen wolle, verschiedene Stellen aus denselben durcheinandermengend, *les restreignant, les commentant, les appliquant à ma manière, quelquefois les confirmant, quelquefois les réfutant, ici, présentant au censeur le philosophe derrière lequel je me tiens caché; là, faisant le rôle contraire, et m'offrant à des flèches qui ne blesseront que Sénèque caché derrière moi*, zeigt, in welchem Grade seine Person den Maßstab abgibt für die Auswahl seines geistigen Umgangs. Nur das, wozu Neigung oder Widerspruch ihn hinziehen, nimmt er herüber in die Stärke seines Empfindens und Denkens. Man hat vor kurzem darauf aufmerksam gemacht, wie in Winckelmanns Exzerpten eine „individuell sich selbst gegebene Subjektivität" sich zur Geltung bringt im Ergreifen und Auslesen der alten Schriftsteller. „Die Collectanee Winckelmanns zeigen den Menschen in seinem persönlichsten Selbst von den Worten der alten Schriftsteller *betroffen* und nun bemüht ... sich selbst aus dem geschriebenen Wort zu vernehmen[39]." Um eine Begegnung solcher Art handelt es sich auch bei dem Essai Diderots, denn *seine* Motive werden durch das Medium Senecas nochmals zu gegenwärtiger Anschauung erweckt. Warum konnte ein Bild antiken Lebens, in dessen Mitte Seneca stand, am ehesten dazu beitragen? Weil Seneca Sprache und Stil Kräfte zuführt, die Diderot nur nennen muß, um sich selbst zu beschreiben – *des élans brusques ... des pensées détachées – ... une rapsodie de faits, sans ordre* (*Jacques le fataliste*, l. c. VI, 222) – *à travers les différents moments qui l'agitent, toujours vrai, toujours lui* (l. c. 275) –, das heißt, es wird nicht möglich sein, eine scharfe Trennung zwischen seinen Aussagen und seinem Leben zu ziehen, Leben und Lehre liegen auf der gleichen Ebene, und der individuelle Bezirk wird nicht vom allgemeinen getrennt. Diderots Augenmerk, das der Person zugewandt war, ließ Seneca in einem Zusammenhang wurzeln, der seine Auffassung von menschlicher Wirklichkeit, die in Erzählung und naturphilosophischer Theorie zum Ausdruck kam, bestätigte.

Sodann aber waren die Vereinigung von Natur- und Moralphilosophie, Geschichte und Religion, die befruchtende Annäherung verschiedener Bereiche der Erkenntnis Züge in Senecas Wesen, die Diderot besonders zusagen mußten. Die Übereinstimmung der damaligen Sitten mit denen seiner Zeit schien ihm so eigentümlich zu sein, daß er nichts Trennendes zwischen dem Einst und Jetzt mehr fand, und spielend wurde der Übergang aus der

[39] *W. Schadewaldt* (mit Beiträgen von Walther Rehm), Winckelmann als Excerptor und Selbstdarsteller, in Neue Beiträge zur klass. Altertumswissenschaft (Festschrift Schweitzer) Stuttgart, 1955, 405.

alten in die neue Welt. In den Augenblicken, in denen Diderot alles Interesse an die Schicksale von Senecas Leben heftet und aus den *Epistulae ad Lucilium* zitiert, die auf das Interesse am Menschen und an den Verhältnissen gerichtet sind und das Auge öffnen für die moralische Welt, zieht er ihn ganz in seinen Text hinein, so daß man sich an einen charakteristischen Zug alles Humanismus erinnert fühlt, der sich in Einwirkung und Mitteilung vielfältig offenbart und durch sein bloßes Dasein fremdem Leben eine höhere Form verleihen kann. Die *Quaestiones naturales* hingegen liefern ihm das Stichwort, um nochmals – wie schon lange vorher in den *Pensées sur l'interprétation de la nature* – die Naturerkenntnis, die auf Erfahrung und Beobachtung beruht, gegenüber der Mathematik an Bestimmtheit zunehmen zu lassen. Aber nicht nur Sprache, Stil und Komposition, die Vereinigung verschiedener Wissenschaften haben zusammengewirkt zu einer Entwicklung, die Diderot in einer Parallele zu Phasen seines Lebens zu verlaufen schien – einzelne Motive fügen zu dem Bilde noch wesentliche Züge hinzu.

So führen die Kapitel über *De otio*, *De brevitate vitae*, *de tranquillitate animae* auf Probleme, die sich zwar durch die Jahrhunderte erhalten haben, die aber mit Diderots Werk auf eine besondere Weise verbunden sind, so daß sie den Kern seiner menschlichen Existenz in Mitleidenschaft ziehen mußten. Denn in der Erörterung kommt es zu einer Besinnung, die wie ein Aufdämmern eines Ideals erscheint, das zur Entfaltung gelangt, indem es das aktive Leben in Frage stellt. In der Diskussion der Problematik des tätigen und beschaulichen Lebens fühlt sich Diderot stets persönlich angesprochen, weil der perennierende Dialog des Humanismus über die Typologie der Lebensweisen sich bei ihm fortsetzt in die Alternative zwischen Zurückgezogenheit und eine auf Umbildung und Veränderung gerichteten Tätigkeit, die das Ziel möglicher sozialer politischer Vollkommenheit im Auge behält. In den Gedanken, die um das richtige Handeln kreisen, empfängt die Philosophie eine neue Beleuchtung, sie erscheint als die Macht, die den Anspruch erhebt, der menschlichen Gemeinschaft die Erkenntnis der Normen des Lebens zu geben[40]. Diderot, der sich, indem er alle Tätigkeit in das Licht der Philosophie stellt, auf der Höhe einer alten Tradition hält, hat auch die Theorie des otium, die in Zeiten der zerfallenden staatlichen

[40] 1. c 248: *Le magistrat rend la justice; le philosophe apprend au magistrat ce que c'est que le juste et l'injuste. Le militaire défend la patrie, le philosophe apprend au militaire ce que c'est qu'une patrie. Le prêtre recommande au peuple l'amour et le respect pour les dieux, le philosophe apprend au prêtre ce que c'est que les dieux. Le souverain commande à tous; le philosophe apprend au souverain quelle est l'origine et la limite de son autorité.*

Ordnung und des unaufhaltsamen politischen Abstiegs keine Möglichkeit sieht, sich am politischen Leben zu beteiligen, gekannt und zitiert; sie entsprach einer Seite seines Wesens, seiner Sehnsucht nach Stille und Harmonie, nach Sammlung der Seele, nach Gleichgewicht und Einklang seiner Natur mit sich selbst. Seine Schriften sind oft der reflektierte Ausdruck seines Wünschens. Weil seine Antworten verschieden sind, niemals frei von Bedingungen des Lebens und der Stimmung, sind sie auch niemals bloß formale Widersprüche zu entgegengesetzten Theoremen, sondern solche, durch die die Eigenart einer wechselnden Seelenverfassung durchschimmert. Bald drängt es ihn, nur das eigene Dasein zu entfalten, bald will er in philanthropischer Überlegung das persönliche Schicksal ganz dem allgemeinen unterordnen wie in dem im Essai eingeschobenen Dithyrambus auf die amerikanische Revolution, die sich ein der menschlichen Natur erreichbares Ziel gestellt hat.

Seneca wird bei jedem Versuch, an ihn anzuknüpfen, als ein Muster und Vorbild verwendet, denn die von Diderot stets empfundene durchgängige Korrespondenz der öffentlichen und privaten Atmosphäre von Rom und Paris erlaubt eine Annäherung, die die antike Welt ganz unmittelbar, nicht aber aus einem historischen Abstand betrachtet. Von *de brevitate vitae* sagt Diderot: *Je n'ai pas lu ce chapitre sans rougir, c'est mon histoire*, denn was dort über die Vergeudung der Zeit gesagt wird, wirkte wie eine Mahnrede, die er sich selbst halten könnte, wie ein Selbstvorwurf des rückschauenden Blicks, dem das eigene Leben mit seiner tiefen Spannung wie ein unglückliches Auseinanderstreben verschiedener Komponenten erscheinen konnte[41].

Jede Überlegung, das zeigt auch dieses Beispiel, führt den Autor auf sich selbst zurück. Er entfaltet seine Meisterschaft in der hermeneutischen Kunst, die Anteilnahme an dem antiken Autor in uns zu erwecken, und weiterdenkend in die Richtung vorzudringen, in die sein Suchen ihn gelenkt hat. Dabei vereinigen sich Einzellinien seines Denkens nicht in *einem* Schnittpunkt, ein Motiv, kaum angeschlagen, wird scheinbar nicht festgehalten, weil das Gespräch auf ein anderes Gebiet hinübergespielt wird, dann taucht es, variiert, in einem späteren Abschnitt wieder auf[42]. So ist

[41] Diderot führt diese Spannung auf eine *curiosité effrénée* zurück, auf ein Interesse an allen Wissenschaften, das mit überwältigender Kraft von ihm Besitz ergriffen hatte und ihm nicht erlaubte, sich auf eine zu beschränken: *J'ai été forcé toute ma vie de suivre des occupations auxquelles je n'étais pas propre, et de laisser de côté celles, où j'étais appelé par mon goût, mon talent et quelque espérance de succès.* l. c. 400 f.

[42] Analogien zur Methode Senecas, z. B. zu dessen Art, weit auseinanderliegende Briefe motivisch zu verknüpfen, ergeben sich oft, cf. Eugène Albertini, *La composition dans les ouvrages philosophiques de Sénèque*, Paris 1921.

das Problem der Zeit im Essai und in vielen anderen Schriften, wie *G. Poulet* geistvoll gezeigt hat[43], kontinuierlicher Bestandteil seiner Reflexion. So bezeichnet sein Staunen über Seneca, der wissen wollte, *si le temps existe par lui-même, s'il y a quelque chose d'antérieur à la durée, si elle a commencé avant le monde, si elle existait avant les choses, ou les choses avant elles,* den Punkt, an dem sich seine Denkweise von der Methode, von der Seneca seinen Ausgang nimmt, trennt, zum *rêve de d'Alembert* zurückführt, der das Denken der Welt des ewigen Flusses nicht entrücken kann und – so formuliert Diderot im Verlauf der Erörterung über die *Quaestiones naturales* – die persönliche Existenz auffaßt *comme un point assez insignifiant entre un néant qui a précédé et le terme qui m'attend.* Und ähnlich verläßt er den Boden von *de brevitate vitae,* um einen Begriff der Zeit Gestalt gewinnen zu lassen, der den Menschen zum Durchgangspunkt einer ins Unendliche sich ausdehnenden Bewegung macht. In den Briefen an Falconet tauchte eine ähnliche Formulierung auf: *l'homme vit dans le passé, le présent et l'avenir ... il est de sa nature d'étendre son existence par des vues, des projets, des attentes de toute espèce ...,* als könnten Fäden, die Zeiten trennen, durchschnitten und in einen Mittelpunkt zurückgeknüpft werden, als wäre der Augenblick Rückblick und Übergang zugleich und das Leben nicht in ein Vorher und Nachher gebannt.

Wie das Problem der Zeit, so ließe sich jedes der Probleme dieses Senecakommentars – Komposition, Stil, Politik, Kontemplation, das glückliche Leben, Natur- und Naturwissenschaften – aus dem Zusammenwirken von Diderots Leben und seiner geistigen Entwicklung verstehen. Daraus erhellt aber recht eigentlich der besondere Charakter dieses „Kommentars", der in mancher Hinsicht sogar ein Höhepunkt ist, zu dem viele Wege Diderots führen, und der seinen besonderen Sinn und seine Bedeutung aus dem Zusammenhang seines ganzen Werkes empfängt. Deswegen bietet Diderot weder den Text Senecas noch den eigenen wie eine Lehre, die aus bestimmten Einsichten besteht, die ablösbar wären von der Person, die sie gefunden hat. Er versucht nicht, uns dogmatisch zu belehren, sondern sein Problem in einem ständigen Beleuchtungs- und Szenenwechsel zu dem unseren zu machen, indem er es, begleitet von Seneca, in uns entstehen läßt. In einer oft an die Griechen erinnernden umwandelnden Kunst des Gesprächs und Dialogs, dessen dialektische Bewegung nie zur Ruhe kommt, überragt er seine Zeit.

[43] *Etudes sur le temps humain.* Paris, 1949, 194 ff.

Anhang

Die folgenden Angaben zu verschiedenen Namen und Lokalisierungen von Zitaten wollen einer kritischen Ausgabe des Essai, die ein Desiderat ist, vorarbeiten. Die Seitenzahl ist die der Assézatschen Ausgabe.

Zu S. 12: Nicolas Desmarest, gehörte der Académie des Sciences an. Verfaßte u. a. einen *Atlas encyclopédique, contenant la géographie ancienne et quelques cartes sur la géographie du moyen âge, la géographie moderne* .. par M. Nonne .. et par M. Desmarest Paris 1787—88, ferner *Conjectures physico-mécaniques sur la propagation des secousses dans les tremblements de terre et sur la disposition des lieux qui en ont ressenti les effets*, 1756.

ib. Jean D'Arcet, Geograph und Autor einer Schrift *Analyse comparée des eaux de l'Yvette, de Seine* .. 1767, und eines *Discours en forme de dissertation sur l'état actuel des montagnes des Pyrénées* .. 1776. Verfaßte auch einen *Eloge de M. Roux*, Journal de médecine 1777.

S. 18: schreibt Diderot: « *C'est au tribunal de Gallion, proconsul en Achaïe, que S. Paul fut traîné par des Juifs fanatiques.* » *Si cet homme, leur dit- il, était coupable d'une injustice ou d'un crime, j'appuierais votre poursuite de toute mon autorité; mais puisqu'il ne s'agit que du texte de votre loi, d'une dispute de mots, décidez-la vous-mêmes: ces matières ne sont pas de ma compétence, et je ne m'en mêle pas.* – Diderot verweist auf Grotius' Commentar: hoc loco. – Es handelt sich um den Kommentar zu Acta Apostolorum, XVIII, 12 ff. Hugonis Grotii *Annotationes in Novum Testamentum. Denuo emendatius editae 1828, Bd. V, 167,* ἀλήνου περὶ βίβλιον τοῦ προγιγνώσκειν πρὸς ἐπιγένην *Gallione autem Proconsulae Achaie. Erat hic frater magni Senecae dictus cum iunior esset novatus, sed adoptatus postea a Iunio Gallione. Statius de hoc nostro: Et dulcem generasse Gallionem. Hic est frater, quem honores consecutum dicit Seneca ad matrem ipsis temporibus scribens. Achaia erat provincia proconsularis sub Augusto. Tiberius Macedoniae adiunxit et Caesarianam fecit. Sed Claudius has provincias Senatui reddidit, id est, rursus fecit proconsulares, teste Suetonio in Vita Claudii* 25 et Dione LX.

S. 21: L. Aennaei Senecae Philosophi *opera, quae extant omnia a Justo Lipsio emendata,* et Scholiis illustrata, Antverpiae, ex officina Plantinniana, MDCV.

S. 27: *Démetrius disait à un affranchi enorgueilli de sa fortune:* « *Je serai aussi riche que toi, lorsque je m'ennuierai d'être homme de bien* » – *C'est le même dont Vespasien punit les propos par l'exil, châtiment qui ne le rendit pas plus réservé. L'empererеur, instruit de ses récentes invectives, n'y répondit que par un mot qu'un grand prince de nos jours a ingénieusement parodié:* « *Tu mets tout en œuvre pour que je te fasse mourir; moi, je ne tue point un chien qui m'aboie* ». Dazu Cf. Suetonius, Divus Vespasianus, XIII: *Amicorum libertatem, causidicorum figuras ac philosophorum contumaciam lenissime tulit. Licinium Mucianum notae impudicitiae, sed meritorum fiducia minus sui reverentem, numquam nisi clam et hactenus retaxare sustinuit, ut apud communem aliquem amicum querens adderet clausulam: Ego vir sum. Salvium Liberalem in defensione divitis rei ausum dicere: quid ad Caesarem, si Hipparchus sestertium miles habet? et ipse laudavit. Demetrium Cynicum in itinere obvium sibi post damnationem ac neque assurgere neque salutare, se dignantem, oblatrantem etiam nescio quid, satis habuit canem appellare.* Cf auch. Cassii Dionis Cocceiani *Historiarum Romanorum quae supersunt,* ed V. Ph. Boissevin, Berlin 1901, III, 148:

Καὶ ὁ μὲν Ὀστιλιανὸς εἰ καὶ τὰ μάλιστα μὴ ἐπαύσατο περὶ τῆς φυγῆς ἀκούσας (ἔτυχε γὰρ διαλεγόμενός τινι), ἀλλὰ καὶ πολλῷ πλείω κατὰ τῆς μοναρχίας κατέδραμεν, ὅμως παραχρῆμα μετέστη. τῷ δὲ Δημητρίῳ μηδ' ὥς ὑπείκοντι ἐκέλευσεν ὁ Οὐεσπασιανὸς λεχθῆναι ὅτι „σὺ μὲν πάντα ποιεῖς ἵνα σε ἀποκτείνω, ἐγὼ δὲ κύνα ὑλακτοῦντα οὐ φονεύω".

S. 29: *Mais des hommes vertueux, reconaissant la dépravation de notre âge, fuient le commerce de la multitude . . . et la solitude est un port où ils se retirent. Ces sages auront beau se cacher loin de la foule des pervers, ils seront connus des dieux et des hommes qui aiment la vertu. De cet honorable exil, où ils vivent au sein de la paix, ils verront sans envie l'admiration du vulgaire prodiguée à des fourbes qui le séduisent, et les récompenses des grands versées sur des bouffons qui les flattent ou qui les amusent . .* (Gal. *De Praecog.* cap. 1). – Gemeint hat Diderot aber wohl Galeni *de praenotione ad posthumum liber,* Cf. *Medicorum Graecorum opera quae extant.* Ed. curavit D. Carolus Gottlob Kühn, vol XIV continens Claudii Galeni T. XIV, Lipsiae 1827, 599 ff.

ib. Quesnel, = Le Père Pasquier Quesnel * 14. 7. 1634, † 2. 12. 1719 Oratorianer. Nach dem Tod Arnaulds unterstützte er die Jansenisten, war bekannt vor allem auch durch seinen Zwist mit dem Erzbischof von Paris, der zu der Bulle Unigenitus führte.

Fleury, André Hercule, Kardinal 1653—1743 Bischof von Fréjus und Minister unter Ludwig XV. Als Anhänger der Jesuiten ließ er durch zwei alte Agenten Dubois', Tencin und Laffiteau, die Verfolgungen der Jansenisten wieder aufnehmen.

Maurepas, Jean Frédéric Phélypeaux, Graf von, 1701—1781, Minister unter Ludwig XV. und Ludwig XVI.

Zu S. 54: über Claudius: *il donna lieu au proverbe que, pour être heureux, il fallait être né sot ou roi.* Cf. dazu Seneca Divi *Claudii* Apocolocyntosis, I, 1. ego *scio me liberum factum, ex quo suum diem obiit ille, qui verum proverbium fecerat, aut regem aut fatuum nasci oportere* ed. C. F. Russo, Firenze, 1948, 46 f.

Nach der Quellenangabe und dem Hinweis auf ähnliche Stellen in Senecas Schrift wird in einer langen Aufzählung von Exempla aus der Ilias, der Odyssee (Hercules, Alcinoos), der antiken Mythologie (Jupiter als Schürzenjäger, der wilde Neptun und Pluto) und Geschichte (der über Solons Weigerung, ihn seines Reichtums wegen glücklich zu nennen erzürnte Krösus, das Machtstreben und die Eitelkeit Alexanders, der sich wie Dionysius, Tiberius, Calligula und Heliogabal Gott nennen ließ) der Nachweis effektiver stultitia unter den Großen und ihre schädlichen Folgen geführt und der Schluß gezogen, daß nur ein von Philosophen regiertes Volk glücklich zu schätzen sei. Nach der Ermahnung zur Erfüllung ihrer Pflichten und zur Tugend an die Fürsten als irdische Stellvertreter Gottes, als patres familiae ihrer Untertanen, ist Christus *(Rex)* Vorbild für den idealen Herrscher, den rex salutaris als dem Gegenbild des Tyrannen. Das Urteil des Volkes ist kein Maßstab, gefallen diesem doch etwa an Alexander oder Caesar gerade deren schlechte Seiten.

Der Schluß erklärt das Adagium, welches den König und den Toren auf eine Stufe stellt, indem er die beiden darin vergleichbar findet, daß den ersteren das Schicksal durch die Stellung befähigt, sich alle Wünsche zu erfüllen, der zweite sich hingegen sowieso im Besitz allen Gutes glaubt. Das Adagium weist deshalb in seinem Ursprung nach Rom, als sich dort mit dem Wort König der Haß gegen die Gefährdung der öffentlichen Freiheit verband.

Zu S. 56: *A qui appartient-il, si ce n'est au ministre des dieux, de sévir, après la mort, contre la perversité de celui que sa puissance a garanti des lois pendant sa vie et de crier, comme on l'entendit autour du corps de Commode: Aux crocs qu'on le déchire, qu'on le traîne. Aux gémonies, aux gémonies!* Bei Lampridius, worauf Naigeon verweist, muß es sich um folgende – nicht zusammenhängende Stelle handeln: *parricida trahatur . . qui senatum occidit, in spoliario ponatur. qui senatum occidit, unco trahatur, Cf. Commodus* Antonius Aeli Lampridi, *Scriptores Historiae Augustae,* ed Hermannus Peter, vol. prius, Leipzig, Kap. 18 u. 19, 102 ff.

Zu S. 69: *On lit dans le vieux scoliaste de Juvénal, que Sénèque disait en confidence à ses amis que le lion reviendrait promptement à sa férocité naturelle, s'il lui arrivait une fois de tremper sa langue dans le sang. Ils se déterminèrent donc à élever, à rester à côté d'une bête féroce.* Die Stelle, auf die Naigeon verweist, lautet genau: *A Seneca"... hic (ut inquit Probus) sub Claudio quasi adulterium Iuliae, Germanici filiae, in Corsicam relegatus post triennium revocatus est. qui etsi magno desiderio Athenas intenderet, ab Agrippina tamen erudiendo Neroni in Palatium adductus saevum immanemque notum et sensit cito et mitigavit, inter familiares solitus dicere non fore saevo illi leoni quin gustato semel hominis cruore, ingenita redeat saevitia, Scholia in Juvenalem vetustiora,* Ed. P. Wessner (Teubner), Leipzig, 1931, 72.

Zu S. 75: *Mais si vous étiez jeune et un peu libertin, et qu'un de nos graves citoyens ... vous adresserait-il le divin propos de Caton: « C'est bien fait, mon enfant, persistez dans la sagesse, Macte virtute esto? »* Diderot dürfte zitieren nach Horaz, *Serm.* I, 2, 31: *Quidam notus homo cum exiret fornice, „macte virtute esto" inquit sententia dii Catonis.* Zitiert aus Catonis praeter librum de *Re Rustica* quae extant, Henricus Iordan, Lipsiae 1860, 75.

Zu S. 69: Sautereau de Marsy (1740—1815) Redakteur literarischer Almanache und Zeitschriften: *L'année littéraire* (1754—76), *Journal des Dames* (1764—78), Journal de Paris (1777—90) Herausgeber des ‚*L'Almanach des Muses*' (anonym) 1765—89, 24 Bände.

Zu S. 77: *Il graverait volontiers sur la tombe de Sénèque les lignes énergiques avec lesquelles l'historien Tacite peint un stoicien hypocrite, il avait le manteau et la physionomie d'une école honnête, mais il était perfide, mais il était fourbe, mais cet extérieur imposant masquait l'avarice et la débauche ».* Es handelt sich um Tacitus, *Annales XVI, 32: auctoritatem Stoicae sectae praeferebat, habitu et ore ad exprimendam imaginem honesti exercitus, ceterum animo perfidiosus, subdolus, avaritiam ac libidinem occultans.*

Zu S. 101: Zu Diderots: *Je ne me persuaderai jamais que ni Burrhus ni Sénèque aient approuvé le renvoi d'Octavie* verweist Naigeon auf Jul. Capitol. in Marc. Aurel — Es handelt sich um folgende Stelle: *„de qua cum diceretur Antonino Marco, ut eam repudiaret, si non occideret, dixisse fertur, si uxorem dimittimus, reddamus et dotem". dos autem quid habebatur nisi imperium, quod ille ab socero volenti hadriano adaoptatus acceperat?*, cf. *Vita Marci Antonini Iullii Capitolini* Kap. 19, 8.

Zu S. 149: Herm. Samuel Reimarus (1694—1768), Naigeon meint die: *Historiae romanae quae supersunt*.. cum annotationibus Henrici Valesii.. Joannis Alberti Fabricii, Hamburg, 1750—52, 2 vol in-fol. Diese Dion Cassius-Ausgabe war berühmt.

Zu S. 370: Poncol, Henri - Simon Joseph Ansquer de, (1730—1783) Jesuit. Werke: *Analyse des traités des bienfaits et de la clémence de Sénèque, précédée de la vie de ce philosophe*, Paris 1776, *Code de la raison*, Paris 1778, 2 vol. Poncol übersetzte auch Martial.

ib. Meursius, Johann M., Jqn von Meurs, (1579—1639) als Historiograph und Professor der Staatswissenschaften in Soroe, Seeland, Herausgeber griech. u. lat. Schriftsteller.

ib. Sadoletus (1476—1544), Kardinal, berühmter humanistischer Schriftsteller.

ib. Muret, Marc Antoine (1526—1585), französ. Humanist, s. Chamard in *Dictionnaire des lettres françaises*, (XVIe siècle) Paris, 1951, 531 ff.

VERÖFFENTLICHUNGEN DER ARBEITSGEMEINSCHAFT FÜR FORSCHUNG DES LANDES NORDRHEIN-WESTFALEN

NATURWISSENSCHAFTEN

HEFT 1

Prof. Dr.-Ing. Friedrich Seewald, Aachen
Neue Entwicklungen auf dem Gebiet der Antriebsmaschinen

Prof. Dr.-Ing. Friedrich A. F. Schmidt, Aachen
Technischer Stand und Zukunftsaussichten der Verbrennungsmaschinen, insbesondere der Gasturbinen

Dr.-Ing. Rudolf Friedrich, Mülheim (Ruhr)
Möglichkeiten und Voraussetzungen der industriellen Verwertung der Gasturbine

1951, 52 Seiten, 15 Abb., kartoniert, DM 2,75

HEFT 2

Prof. Dr.-Ing. Wolfgang Riezler, Bonn
Probleme der Kernphysik

Prof. Dr. Fritz Micheel, Münster
Isotope als Forschungsmittel in der Chemie und Biochemie

1951, 40 Seiten, 10 Abb., kartoniert, DM 2,40

HEFT 3

Prof. Dr. Emil Lehnartz, Münster
Der Chemismus der Muskelmaschine

Prof. Dr. Gunther Lehmann, Dortmund
Physiologische Forschung als Voraussetzung der Bestgestaltung der menschlichen Arbeit

Prof. Dr. Heinrich Kraut, Dortmund
Ernährung und Leistungsfähigkeit

1951, 60 Seiten, 35 Abb., kartoniert, DM 3,50

HEFT 4

Prof. Dr. Franz Wever, Düsseldorf
Aufgaben der Eisenforschung

Prof. Dr.-Ing. Hermann Schenck, Aachen
Entwicklungslinien des deutschen Eisenhüttenwesens

Prof. Dr.-Ing. Max Haas, Aachen
Wirtschaftliche Bedeutung der Leichtmetalle und ihre Entwicklungsmöglichkeiten

1952, 60 Seiten, 20 Abb., kartoniert, DM 3,50

HEFT 5

Prof. Dr. Walter Kikuth, Düsseldorf
Virusforschung

Prof. Dr. Rolf Danneel, Bonn
Fortschritte der Krebsforschung

Prof. Dr. Dr. Werner Schulemann, Bonn
Wirtschaftliche und organisatorische Gesichtspunkte für die Verbesserung unserer Hochschulforschung

1952, 50 Seiten, 2 Abb., kartoniert, DM 2,75

HEFT 6

Prof. Dr. Walter Weizel, Bonn
Die gegenwärtige Situation der Grundlagenforschung in der Physik

Prof. Dr. Siegfried Strugger, Münster
Das Duplikantenproblem in der Biologie

Direktor Dr. Fritz Gummert, Essen
Überlegungen zu den Faktoren Raum und Zeit im biologischen Geschehen und Möglichkeiten einer Nutzanwendung

1952, 64 Seiten, 20 Abb., kartoniert, DM 3,—

HEFT 7

Prof. Dr.-Ing. August Götte, Aachen
Steinkohle als Rohstoff und Energiequelle

Prof. Dr. Dr. E. h. Karl Ziegler, Mülheim (Ruhr)
Über Arbeiten des Max-Planck-Institutes für Kohlenforschung

1953, 66 Seiten, 4 Abb., kartoniert, DM 3,60

HEFT 8

Prof. Dr.-Ing. Wilhelm Fucks, Aachen
Die Naturwissenschaft, die Technik und der Mensch

Prof. Dr. Walther Hoffmann, Münster
Wirtschaftliche und soziologische Probleme des technischen Fortschritts

1952, 84 Seiten, 12 Abb., kartoniert, DM 4,80

HEFT 9

Prof. Dr.-Ing. Franz Bollenrath, Aachen
Zur Entwicklung warmfester Werkstoffe

Prof. Dr. Heinrich Kaiser, Dortmund
Stand spektralanalytischer Prüfverfahren und Folgerung für deutsche Verhältnisse

1952, 100 Seiten, 62 Abb., kartoniert, DM 6,—

HEFT 10

Prof. Dr. Hans Braun, Bonn
Möglichkeiten und Grenzen der Resistenzzüchtung

Prof. Dr.-Ing. Carl Heinrich Dencker, Bonn
Der Weg der Landwirtschaft von der Energieautarkie zur Fremdenergie

1952, 74 Seiten, 23 Abb., kartoniert, DM 4,30

HEFT 11

Prof. Dr.-Ing. Herwart Opitz, Aachen
Entwicklungslinien der Fertigungstechnik in der Metallbearbeitung

Prof. Dr.-Ing. Karl Krekeler, Aachen
Stand und Aussichten der schweißtechnischen Fertigungsverfahren

1952, 72 Seiten, 49 Abb., kartoniert, DM 5,—

HEFT 12

Dr. Hermann Rathert, Wuppertal-Elberfeld
Entwicklung auf dem Gebiet der Chemiefaser-Herstellung

Prof. Dr. Wilhelm Weltzien, Krefeld
Rohstoff und Veredlung in der Textilwirtschaft

1952, 84 Seiten, 29 Abb., kartoniert, DM 4,80

HEFT 13

Dr.-Ing. E. h. Karl Herz, Frankfurt a. M.
Die technischen Entwicklungstendenzen im elektrischen Nachrichtenwesen

Staatssekretär Prof. Leo Brandt, Düsseldorf
Navigation und Luftsicherung

1952, 102 Seiten, 97 Abb., kartoniert, DM 7,25

HEFT 14

Prof. Dr. Burckhardt Helferich, Bonn
Stand der Enzymchemie und ihre Bedeutung

Prof. Dr. Hugo Wilhelm Knipping, Köln
Ausschnitt aus der klinischen Carcinomforschung am Beispiel des Lungenkrebses

1952, 72 Seiten, 12 Abb., kartoniert, DM 4,30

HEFT 15

Prof. Dr. Abraham Esau †, Aachen
Ortung mit elektrischen und Ultraschallwellen in Technik und Natur

Prof. Dr.-Ing. Eugen Flegler, Aachen
Die ferromagnetischen Werkstoffe der Elektrotechnik und ihre neueste Entwicklung

1953, 84 Seiten, 25 Abb., kartoniert, DM 4,80

HEFT 16

Prof. Dr. Rudolf Seyffert, Köln
Die Problematik der Distribution

Prof. Dr. Theodor Beste, Köln
Der Leistungslohn

1952, 70 Seiten, 1 Abb., kartoniert, DM 3,50

HEFT 17

Prof. Dr.-Ing. Friedrich Seewald, Aachen
Luftfahrtforschung in Deutschland und ihre Bedeutung für die allgemeine Technik

Prof. Dr.-Ing. Edouard Houdremont, Essen
Art und Organisation der Forschung in einem Industrieforschungsinstitut der Eisenindustrie

1953, 90 Seiten, 4 Abb., kartoniert, DM 4,20

HEFT 18

Prof. Dr. Dr. Werner Schulemann, Bonn
Theorie und Praxis pharmakologischer Forschung

Prof. Dr. Wilhelm Groth, Bonn
Technische Verfahren zur Isotopentrennung

1953, 72 Seiten, 17 Abb., kartoniert, DM 4,—

HEFT 19

Dipl.-Ing. Kurt Traenckner, Essen
Entwicklungstendenzen der Gaserzeugung

1953, 26 Seiten, 12 Abb., kartoniert, DM 1,60

HEFT 20

M. Zvegintzow, London
Wissenschaftliche Forschung und die Auswertung ihrer Ergebnisse
Ziel und Tätigkeit der National Research Development Corporation

Dr. Alexander King, London
Wissenschaft und internationale Beziehungen

1954, 88 Seiten, kartoniert, DM 4,20

HEFT 21

Prof. Dr. Robert Schwarz, Aachen
Wesen und Bedeutung der Silicium-Chemie

Prof. Dr. Dr. h. c. Kurt Alder, Köln
Fortschritte in der Synthese von Kohlenstoffverbindungen

1954, 76 Seiten, 49 Abb., kartoniert, DM 4,—

HEFT 21a

Prof. Dr. Dr. h. c. Otto Hahn, Göttingen
Die Bedeutung der Grundlagenforschung für die Wirtschaft

Prof. Dr. Siegfried Strugger, Münster
Die Erforschung des Wasser- und Nährsalztransportes im Pflanzenkörper mit Hilfe der fluoreszenzmikroskopischen Kinematographie

1953, 74 Seiten, 26 Abb., kartoniert, DM 5,—

HEFT 22

Prof. Dr. Johannes von Allesch, Göttingen
Die Bedeutung der Psychologie im öffentlichen Leben

Prof. Dr. Otto Graf, Dortmund
Triebfedern menschlicher Leistung

1953, 80 Seiten, 19 Abb., kartoniert, DM 4,—

HEFT 23

Prof. Dr. Dr. h. c. Bruno Kuske, Köln
Zur Problematik der wirtschaftswissenschaftlichen Raumforschung

Prof. Dr. Dr.-Ing. E. h. Stephan Prager, Düsseldorf
Städtebau und Landesplanung

1954, 84 Seiten, kartoniert, DM 3,50

HEFT 24

Prof. Dr. Rolf Danneel, Bonn
Über die Wirkungsweise der Erbfaktoren

Prof. Dr. Kurt Herzog, Krefeld
Bewegungsbedarf der menschlichen Gliedmaßengelenke bei der Berufsarbeit

1953, 76 Seiten, 18 Abb., kartoniert, DM 4,—

HEFT 25

Prof. Dr. Otto Haxel, Heidelberg
Energiegewinnung aus Kernprozessen

Dr.-Ing. Dr. Max Wolf, Düsseldorf
Gegenwartsprobleme der energiewirtschaftlichen Forschung

1953, 98 Seiten, 27 Abb., kartoniert, DM 5,25

HEFT 26

Prof. Dr. Friedrich Becker, Bonn
Ultrakurzwellenstrahlung aus dem Weltraum

Dr. Hans Straßl, Bonn
Bemerkenswerte Doppelsterne und das Problem der Sternentwicklung

1954, 70 Seiten, 8 Abb., kartoniert, DM 3,60

HEFT 27

Prof. Dr. Heinrich Behnke, Münster
Der Strukturwandel der Mathematik in der ersten Hälfte des 20. Jahrhunderts

Prof. Dr. Emanuel Sperner, Hamburg
Eine mathematische Analyse der Luftdruckverteilungen in großen Gebieten

1956, 96 Seiten, 12 Abb, 5 Tab., kartoniert, DM 5,—

HEFT 28

Prof. Dr. Oskar Niemczyk, Aachen
Die Problematik gebirgsmechanischer Vorgänge im Steinkohlenbergbau

Prof. Dr. Wilhelm Ahrens, Krefeld
Die Bedeutung geologischer Forschung für die Wirtschaft, besonders in Nordrhein-Westfalen

1955, 96 Seiten, 12 Abb., kartoniert, DM 5,25

HEFT 29

Prof. Dr. Bernhard Rensch, Münster
Das Problem der Residuen bei Lernleistungen

Prof. Dr. Hermann Fink, Köln
Über Leberschäden bei der Bestimmung des biologischen Wertes verschiedener Eiweiße von Mikroorganismen

1954, 96 Seiten, 23 Abb., kartoniert, DM 5,25

HEFT 30

Prof. Dr.-Ing. Friedrich Seewald, Aachen
Forschungen auf dem Gebiete der Aerodynamik

Prof. Dr.-Ing. Karl Leist, Aachen
Einige Forschungsarbeiten aus der Gasturbinentechnik

1955, 98 Seiten, 45 Abb., kartoniert, DM 7,—

HEFT 31

Prof. Dr.-Ing. Dr. h. c. Fritz Mietzsch, Wuppertal
Chemie und wirtschaftliche Bedeutung der Sulfonamide

Prof. Dr. Dr. h. c. Gerhard Domagk, Wuppertal
Die experimentellen Grundlagen der bakteriellen Infektionen

1954, 82 Seiten, 2 Abb., kartoniert, DM 4,—

HEFT 32

Prof. Dr. Hans Braun, Bonn
Die Verschleppung von Pflanzenkrankheiten und -schädigungen über die Welt

Prof. Dr. Wilhelm Rudorf, Voldagsen
Der Beitrag von Genetik und Züchtung zur Bekämpfung von Viruskrankheiten der Nutzpflanzen

1953, 88 Seiten, 36 Abb., kartoniert, DM 5,—

HEFT 33

Prof. Dr.-Ing. Volker Aschoff, Aachen
Probleme der elektroakustischen Einkanalübertragung

Prof. Dr.-Ing. Herbert Döring, Aachen
Erzeugung und Verstärkung von Mikrowellen

1954, 74 Seiten, 23 Abb., kartoniert, DM 4,30

HEFT 34

Geheimrat Prof. Dr. Dr. Rudolf Schenck, Aachen
Bedingungen und Gang der Kohlenhydratsynthese im Licht

Prof. Dr. Emil Lehnartz, Münster
Die Endstufen des Stoffabbaues im Organismus

1954, 80 Seiten, 11 Abb., kartoniert, DM 4,20

HEFT 35

Prof. Dr.-Ing. Hermann Schenck, Aachen
Gegenwartsprobleme der Eisenindustrie in Deutschland

Prof. Dr.-Ing. Eugen Piwowarsky †, Aachen
Gelöste und ungelöste Probleme im Gießereiwesen

1954, 110 Seiten, 67 Abb., kartoniert, DM 6,50

HEFT 36

Prof. Dr. Wolfgang Riezler, Bonn
Teilchenbeschleuniger

Prof. Dr. Gerhard Schubert, Hamburg
Anwendung neuer Strahlenquellen in der Krebstherapie

1954, 104 Seiten, 43 Abb., kartoniert, DM 7,—

HEFT 37

Prof. Dr. Franz Lotze, Münster
Probleme der Gebirgsbildung

Bergwerksdirektor Bergassessor a.D. G. Rauschenbach, Essen
Die Erhaltung der Förderungskapazität des Ruhrbergbaues auf lange Sicht

in Vorbereitung

HEFT 38

Dr. E. Colin Cherry, London
Kybernetik

Prof. Dr. Erich Pietsch, Clausthal-Zellerfeld
Dokumentation und mechanisches Gedächtnis — zur Frage der Ökonomie der geistigen Arbeit

1954, 108 Seiten, 31 Abb., kartoniert, DM 5,25

HEFT 39

Dr. Heinz Haase, Hamburg
Infrarot und seine technischen Anwendungen

Prof. Dr. Abraham Esau †, Aachen
Ultraschall und seine technischen Anwendungen

1955, 80 Seiten, 25 Abb., kartoniert, DM 4,80

HEFT 40

Bergassessor Fritz Lange, Bochum-Hordel
Die wirtschaftliche und soziale Bedeutung der Silikose im Bergbau

Prof. Dr. Walter Kikuth, Düsseldorf
Die Entstehung der Silikose und ihre Verhütungsmaßnahmen

1954, 120 Seiten, 40 Abb., kartoniert, DM 7,25

HEFT 40a

Prof. Dr. Eberhard Gross, Bonn
Berufskrebs und Krebsforschung

Prof. Dr. Hugo Wilhelm Knipping, Köln
Die Situation der Krebsforschung vom Standpunkt der Klinik

1955, 88 Seiten, 31 Abb., kartoniert, DM 5,—

HEFT 41

Direktor Dr.-Ing. Gustav-Victor Lachmann, London
An einer neuen Entwicklungsschwelle im Flugzeugbau

Direktor Dr.-Ing. A. Gerber, Zürich-Oerlikon
Stand der Entwicklung der Raketen- und Lenktechnik

1955, 88 Seiten, 44 Abb., kartoniert, DM 6,—

HEFT 42

Prof. Dr. Theodor Kraus, Köln
Lokalisationsphänomene und Raumordnung vom Standpunkt der geographischen Wissenschaft

Direktor Dr. Fritz Gummert, Essen
Vom Ernährungsversuchsfeld der Kohlenstoffbiologischen Forschungsstation Essen

in Vorbereitung

HEFT 42a

Prof. Dr. Dr. h. c. Gerhard Domagk, Wuppertal
Fortschritte auf dem Gebiet der experimentellen Krebsforschung

1954, 46 Seiten, kartoniert, DM 2,—

HEFT 43

Prof. Giovanni Lampariello, Rom
Über Leben und Werk von Heinrich Hertz

Prof. Dr. Walter Weizel, Bonn
Über das Problem der Kausalität in der Physik

1955, 76 Seiten kartoniert, DM 3,30

HEFT 43a

Prof. Dr. José Mª Albareda, Madrid
Die Entwicklung der Forschung in Spanien

in Vorbereitung

HEFT 44

Prof. Dr. Burckhardt Helferich, Bonn
Über Glykoside

Prof. Dr. Fritz Micheel, Münster
Kohlenhydrat-Eiweiß-Verbindungen und ihre biochemische Bedeutung

1956, 70 Seiten, 67 Abb., kartoniert

HEFT 45

Prof. Dr. John von Neumann, Princeton, USA
Entwicklung und Ausnutzung neuerer mathematischer Maschinen

Prof. Dr. E. Stiefel, Zürich
Rechenautomaten im Dienste der Technik mit Beispielen aus dem Züricher Institut für angewandte Mathematik

1955, 74 Seiten, 6 Abb., kartoniert, DM 3,50

HEFT 46

Prof. Dr. Wilhelm Weltzien, Krefeld
Ausblick auf die Entwicklung synthetischer Fasern

Prof. Dr. Walther Hoffmann, Münster
Wachstumsformen der Industriewirtschaft

in Vorbereitung

18 NEUE FORSCHUNGSSTELLEN

im Land Nordrhein-Westfalen

1954, 176 Seiten, 70 Abb., kartoniert, DM 10,—

HEFT 47

Staatssekretär Prof. Leo Brandt, Düsseldorf
Die praktische Förderung der Forschung in Nordrhein-Westfalen

Prof. Dr. Ludwig Raiser, Bad Godesberg
Die Förderung der angewandten Forschung durch die Deutsche Forschungsgemeinschaft

in Vorbereitung

HEFT 48

Dr. Hermann Tromp, Rom
Bestandsaufnahme der Wälder der Welt als internationale und wissenschaftliche Aufgabe

Prof. Dr. Franz Heske, Schloß Reinbek
Die Wohlfahrtswirkungen des Waldes als internationales Problem

in Vorbereitung

HEFT 49

Präsident Dr. G. Böhnecke, Hamburg
Zeitfragen der Ozeanographie

Reg.-Direktor Dr. H. Gabler, Hamburg
Nautische Technik und Schiffssicherheit

1955, 120 Seiten, 49 Abb., kartoniert, DM 7,50

HEFT 50

Prof. Dr.-Ing. Friedrich A. F. Schmidt, Aachen
Probleme der Selbstzündung und Verbrennung bei der Entwicklung der Hochleistungskraftmaschinen

Prof. Dr.-Ing. A. W. Quick, Aachen
Ein Verfahren zur Untersuchung des Austauschvorganges in verwirbelten Strömungen hinter Körpern mit abgelöster Strömung

1956, 88 Seiten, 38 Abb., kartoniert, DM 6,20

HEFT 51

Prof. Dr. Siegfried Strugger, Münster
Struktur, Entwicklungsgeschichte und Physiologie der Chloroplasten

Direktor Dr. J. Pätzold, Erlangen
Therapeutische Anwendung mechanischer und elektrischer Energie

in Vorbereitung

HEFT 52

Mr. Patmore, London
Lufttüchtigkeit und technische Prüfung der Flugzeuge in England

Prof. A. D. Young, Cranfield
Die Ausbildung des Ingenieurnachwuchses auf dem Luftfahrtgebiet in England

in Vorbereitung

JAHRESFEIER 1955

Prof. Dr. Josef Pieper, Münster
Über den Philosophie-Begriff Platons

Prof. Dr. Walter Weizel, Bonn
Die Mathematik und die physikalische Realität

1955, 62 Seiten, kartoniert, DM 2,90

HEFT 52a

Dr. D. C. Martin, London
Geschichte und Organisation der Royal Society

Dr. Roux, Südafrika
Probleme der wissenschaftlichen Forschung in der Südafrikanischen Union

in Vorbereitung

HEFT 53

Prof. Dr.-Ing. Georg Schnadel, Hamburg
Forschungsaufgaben zur Untersuchung der Festigkeitsprobleme im Schiffsbau

Prof. Dipl.-Ing. Wilhelm Sturtzel, Duisburg
Forschungsaufgaben zur Untersuchung der Widerstandsprobleme im Schiffsbau

in Vorbereitung

HEFT 53 a

Prof. Giovanni Lampariello, Rom
Von Galilei zu Einstein

1956, 92 Seiten, kartoniert, DM 4,20

HEFT 54

Prof. Dr. Julius Bartels, Göttingen
Sonne und Erde — das Thema des internationalen geophysikalischen Jahres

Direktor Dr. Walter Dieminger, Lindau/Harz
Ionosphäre und drahtloser Weitverkehr

in Vorbereitung

HEFT 54a

Sir John Cockcroft, London
Die friedliche Anwendung der Kernenergie

in Vorbereitung

HEFT 55

Prof. Dr.-Ing. Fritz Schultz-Grunow, Aachen
Das Kriechen und Fließen hochzäher und plastischer Stoffe

Prof. Dr.-Ing. Hans Ebner, Aachen
Wege und Ziele der Festigkeitsforschung besonders im Hinblick auf den Leichtbau

in Vorbereitung

HEFT 56

Prof. Dr. Ernst Derra, Düsseldorf
Der Entwicklungsstand der Herzchirurgie

Prof. Dr. Gunther Lehmann, Dortmund
Muskelarbeit und Muskelermüdung in Theorie und Praxis

in Vorbereitung

HEFT 57

Prof. Dr. Theodor von Kármán, Pasadena
Freiheit und Organisation in der Luftfahrtforschung

Staatssekretär Prof. Leo Brandt, Düsseldorf
Bericht über den Wiederbeginn deutscher Luftfahrtforschung

in Vorbereitung

HEFT 58

Prof. Dr. Fritz Schröter, Ulm
Neue Forschungs- und Entwicklungsrichtungen im Fernsehen

Prof. Dr. Albert Narath, Berlin
Der gegenwärtige Stand der Filmtechnik

in Vorbereitung

HEFT 59

Prof. Dr. Richard Courant, New York
Die Bedeutung der modernen mathematischen Rechenmaschinen für mathematische Probleme der Hydrodynamik und Reaktortechnik

Prof. Dr. Ernst Peschl, Bonn
Die Rolle der komplexen Zahlen in der Mathematik und die Bedeutung der komplexen Analysis

in Vorbereitung

HEFT 60

Prof. Dr. Wolfgang Flaig, Braunschweig
Grundlagenforschung auf dem Gebiet des Humus und der Bodenfruchtbarkeit

Prof. Dr. Dr. Eduard Mückenhausen, Bonn
Typologische Bodenentwicklung und Bodenfruchtbarkeit

in Vorbereitung

HEFT 61

Dr. Klaus Oswatitsch, Aachen
Gelöste und ungelöste Probleme der Gasdynamik

Prof. Dr. W. Georgii, München
Aerophysikalische Flugforschung

in Vorbereitung

GEISTESWISSENSCHAFTEN

HEFT 1

Prof. Dr. Werner Richter, Bonn
Die Bedeutung der Geisteswissenschaften für die Bildung unserer Zeit

Prof. Dr. Joachim Ritter, Münster
Die aristotelische Lehre vom Ursprung und Sinn der Theorie

1953, 64 Seiten, kartoniert, DM 2,90

HEFT 2

Prof. Dr. Josef Kroll, Köln
Elysium

Prof. Dr. Günther Jachmann, Köln
Die vierte Ekloge Vergils

1953, 72 Seiten, kartoniert, DM 2,90

HEFT 3

Prof. Dr. Hans Erich Stier, Münster
Die klassische Demokratie

1954, 100 Seiten, kartoniert, DM 4,50

HEFT 4

Prof. Dr. Werner Caskel, Köln
Lihyan und Lihyanisch. Sprache und Kultur eines früharabischen Königreiches

1954, 168 Seiten, 6 Abb., kartoniert, DM 8,25

HEFT 5

Prof. Dr. Thomas Ohm, Münster
Stammesreligionen im südlichen Tanganyika-Territorium

1953, 80 Seiten, 25 Abb., kartoniert, DM 8,—

HEFT 6

Prälat Prof. Dr. Dr. h. c. Georg Schreiber, Münster
Deutsche Wissenschaftspolitik von Bismarck bis zum Atomwissenschaftler Otto Hahn

1954, 102 Seiten, 7 Abb., kartoniert, DM 5,—

HEFT 7

Prof. Dr. Walter Holtzmann, Bonn
Das mittelalterliche Imperium und die werdenden Nationen

1953, 28 Seiten, kartoniert, DM 1,30

HEFT 8

Prof. Dr. Werner Caskel, Köln
Die Bedeutung der Beduinen in der Geschichte der Araber

1954, 44 Seiten, kartoniert, DM 2,—

HEFT 9

Prälat Prof. Dr. Dr. h. c. Georg Schreiber, Münster
Irland im deutschen und abendländischen Sakralraum

1956, 128 Seiten, 20 Abb., kartoniert, DM 9,—

HEFT 10

Prof. Dr. Peter Rassow, Köln
Forschungen zur Reichsidee im 16. und 17. Jahrhundert

1955, 32 Seiten, kartoniert, DM 1,50

HEFT 11

Prof. Dr. Hans Erich Stier, Münster
Roms Aufstieg zur Weltherrschaft

in Vorbereitung

HEFT 12

Prof. D. Karl Heinrich Rengstorf, Münster
Mann und Frau im Urchristentum

Prof. Dr. Hermann Conrad, Bonn
Grundprobleme einer Reform des Familienrechts

1954, 106 Seiten, kartoniert, DM 4,50

HEFT 13

Prof. Dr. Max Braubach, Bonn
Der Weg zum 20. Juli 1944

1953, 48 Seiten, kartoniert, DM 2,20

HEFT 14

Prof. Dr. Paul Hübinger, Münster
Das deutsch-französische Verhältnis und seine mittelalterlichen Grundlagen

in Vorbereitung

HEFT 15

Prof. Dr. Franz Steinbach, Bonn
Der geschichtliche Weg des wirtschaftenden Menschen in die soziale Freiheit und politische Verantwortung

1954, 76 Seiten, kartoniert, DM 2,90

HEFT 16

Prof. Dr. Josef Koch, Köln
Die Ars coniecturalis des Nikolaus von Cues

1956, 56 Seiten, 2 Abb., kartoniert, DM 2,90

HEFT 17
Prof. Dr. James Conant, US-Hochkommissar für Deutschland
Staatsbürger und Wissenschaftler
Prof. D. Karl Heinrich Rengstorf, Münster
Antike und Christentum
1953, 48 Seiten, 2 Abb., kartoniert, DM 2,90

HEFT 18
Prof. Dr. Richard Alewyn, Köln
Klopstocks Publikum
in Vorbereitung

HEFT 19
Prof. Dr. Fritz Schalk, Köln
Das Lächerliche in der französischen Literatur des Ancien Régime
1954, 42 Seiten, kartoniert, DM 2,—

HEFT 20
Prof. Dr. Ludwig Raiser, Bad Godesberg
Rechtsfragen der Mitbestimmung
1954, 48 Seiten, kartoniert, DM 2,—

HEFT 21
Prof. D. Martin Noth, Bonn
Das Geschichtsverständnis der alttestamentlichen Apokalyptik
1953, 36 Seiten, kartoniert, DM 1,60

HEFT 22
Prof. Dr. Walter F. Schirmer, Bonn
Glück und Ende des Könige in Shakespeares Historien
1954, 32 Seiten, kartoniert, DM 1,50

HEFT 23
Prof. Dr. Günther Jachmann, Köln
Der homerische Schiffskatalog und die Ilias
in Vorbereitung

HEFT 24
Prof. Dr. Theodor Klauser, Bonn
Die römischen Petrustraditionen im Lichte der neuen Ausgrabungen unter der Peterskirche
in Vorbereitung

HEFT 25
Prof. Dr. Hans Peters, Köln
Die Gewaltentrennung in moderner Sicht
1955, 48 Seiten, kartoniert, DM 2,20

HEFT 26
Prof. Dr. Fritz Schalk, Köln
Calderon und die Mythologie
in Vorbereitung

HEFT 27
Prof. Dr. Josef Kroll, Köln
Vom Leben geflügelter Worte
in Vorbereitung

HEFT 28
Prof. Dr. Thomas Ohm, Münster
Die Religionen in Asien
1954, 50 Seiten, 4 Abb., kartoniert, DM 5,—

HEFT 29
Prof. Dr. Johann Leo Weisgerber, Bonn
Die Ordnung der Sprache im persönlichen und öffentlichen Leben
1955, 64 Seiten, kartoniert, DM 2,90

HEFT 30
Prof. Dr. Werner Caskel, Köln
Entdeckungen in Arabien
1954, 44 Seiten, kartoniert, DM 2,—

HEFT 31
Prof. Dr. Max Braubach, Bonn
Entstehung und Entwicklung der landesgeschichtlichen Bestrebungen und historischen Vereine im Rheinland
1955, 32 Seiten, kartoniert, DM 1,60

HEFT 32
Prof. Dr. Fritz Schalk, Köln
Somnium und verwandte Wörter in den romanischen Sprachen
1955, 48 Seiten, 3 Abb., kartoniert, DM 2,50

HEFT 33
Prof. Dr. Friedrich Dessauer, Frankfurt a. M.
Erbe und Zukunft des Abendlandes
in Vorbereitung

HEFT 34
Prof. Dr. Thomas Ohm, Münster
Ruhe und Frömmigkeit
1955, 128 Seiten, 30 Abb., kartoniert, DM 8,—

HEFT 35
Prof. Dr. Hermann Conrad, Bonn
Die mittelalterliche Besiedlung des deutschen Ostens und das Deutsche Recht
1955, 40 Seiten, kartoniert, DM 2,—

HEFT 36
Prof. Dr. Hans Sckommodau, Köln
Die religiösen Dichtungen Margaretes von Navarra
1955, 172 Seiten, kartoniert, DM 7,20

HEFT 37
Prof. Dr. Herbert von Einem, Bonn
Der Mainzer Kopf mit der Binde
1955, 88 Seiten, 40 Abb., kartoniert, DM 6,—

HEFT 38
Prof. Dr. Joseph Höffner, Münster
Statik und Dynamik in der scholastischen Wirtschaftsethik
1955, 48 Seiten, kartoniert, DM 2,20

HEFT 39
Prof. Dr. Fritz Schalk, Köln
Diderots Essai über Claudius und Nero

HEFT 40
Prof. Dr. Gerhard Kegel, Köln
Probleme des internationalen Enteignungs- und Währungsrechts
in Vorbereitung

HEFT 41
Prof. Dr. Johann Leo Weisgerber, Bonn
Die Grenzen der Schrift — Der Kern der Rechtschreibreform
1955, 72 Seiten, kartoniert, DM 3,25

HEFT 42
Prof. Dr. Richard Alewyn, Köln
Von der Empfindsamkeit zur Romantik
in Vorbereitung

HEFT 43
Prof. Dr. Theodor Schieder, Köln
Die Probleme des Rapallo-Vertrages
1956, 108 Seiten, kartoniert, DM 4,80

HEFT 44

Prof. Dr. Andreas Rumpf, Köln
Stilphasen der spätantiken Kunst
in Vorbereitung

HEFT 45

Dr. Ulrich Luck, Münster
Kerygma und Tradition in der Hermeneutik Adolf Schlatters
1955, 136 Seiten, kartoniert, DM 6,15

HEFT 46

Prof. Dr. Walther Holtzmann, Rom
Das Deutsche Historische Institut in Rom
Prof. Dr. Graf Wolff Metternich, Rom
Die Bibliotheca Hertziana und der Palazzo Zuccari
1955, 68 Seiten, 7 Abb., kartoniert, DM 3,50

JAHRESFEIER 1955

Prof. Dr. Josef Pieper, Münster
Über den Philosophie-Begriff Platons
Prof. Dr. Walter Weizel, Bonn
Die Mathematik und die physikalische Realität
1955, 62 Seiten, kartoniert, DM 2,90

HEFT 47

Prof. Dr. Harry Westermann, Münster
Person und Persönlichkeit im Zivilrecht
in Vorbereitung

HEFT 48

Prof. Dr. Johann Leo Weisgerber, Bonn
Die Namen der Ubier
in Vorbereitung

HEFT 49

Prof. Dr. Friedrich Karl Schumann, Münster
Mythos und Technik
in Vorbereitung

HEFT 50

Prof. Dr. Wolfgang Schöne, Hamburg
Raffaels Sixtinische Madonna und die Sixtuskirche in Piacenza
in Vorbereitung

HEFT 51

Prälat Prof. Dr. Dr. h. c. Georg Schreiber, Münster
Der Bergbau in Geschichte, Ethos und Sakralkultur
in Vorbereitung

HEFT 52

Prof. Dr. Hans J. Wolff, Münster
Die Rechtsgestalt der Universität
in Vorbereitung

HEFT 53

Prof. Dr. Heinrich Vogt, Bonn
Schadenersatzprobleme im Verhältnis von Haftungsgrund und Schaden
in Vorbereitung

HEFT 54

Prof. Dr. Max Braubach, Bonn
Der Einmarsch der deutschen Truppen in die entmilitarisierte Zone am Rhein im März 1936. Ein Beitrag zur Vorgeschichte des zweiten Weltkrieges
1956, 48 Seiten, kartoniert

HEFT 55

Prof. Dr. Herbert von Einem, Bonn
Die Menschwerdung Christi des Isenheimer Altars
in Vorbereitung

HEFT 56

Prof. Dr. E. J. Cohn, London
Der englische Gerichtstag
in Vorbereitung

HEFT 57

Dr. Albert Woopen, Aachen
Die Zivilehe und der Grundsatz der Unauflöslichkeit der Ehe in der Entwicklung des italienischen Zivilrechts
1956, 88 Seiten, kartoniert, DM 4,—

HEFT 58

Prof. Dr. Karl Kerényi, Ascona
Die Herkunft der Dionysos-Religion nach dem heutigen Stand der Forschung
in Vorbereitung

HEFT 59

Prof. Dr. Herbert Jankuhn, Kiel
Haithabu und der abendländische Handel nach Nordeuropa im frühen Mittelalter
in Vorbereitung

HEFT 60

Dr. Stephan Skalweit, Bonn
Edmund Burke und Frankreich
in Vorbereitung

HEFT 61

Prof. Dr. Ulrich Scheuner, Bonn
Die Neutralität im heutigen Völkerrecht
in Vorbereitung

HEFT 62

Prof. Dr. Anton Moortgat, Berlin
Bericht über das Ergebnis der Ausgrabungen in Syrien
in Vorbereitung

GPSR Compliance
The European Union's (EU) General Product Safety Regulation (GPSR) is a set of rules that requires consumer products to be safe and our obligations to ensure this.

If you have any concerns about our products, you can contact us on

ProductSafety@springernature.com

In case Publisher is established outside the EU, the EU authorized representative is:

Springer Nature Customer Service Center GmbH
Europaplatz 3
69115 Heidelberg, Germany

www.ingramcontent.com/pod-product-compliance
Ingram Content Group UK Ltd.
Pitfield, Milton Keynes, MK11 3LW, UK
UKHW061658190726
13853UKWH00008B/2283

* 9 7 8 3 3 2 2 9 8 2 0 1 8 *